孩子也能懂的诺贝尔奖

跳出黑洞的诺贝尔奖

柠檬夸克 / 文

格子工作室 / 图

CNS PUBLISHING & MEDIA | 湖南少年儿童出版社 HUNAN JUVENILE & CHILDREN'S PUBLISHING HOUSE

图书在版编目（CIP）数据

孩子也能懂的诺贝尔奖.跳出黑洞的诺贝尔奖 / 柠檬夸克文；格子工作室图.—长沙：湖南少年儿童出版社，2019.6（2024.3 重印）
ISBN 978-7-5562-4209-2

Ⅰ.①孩… Ⅱ.①柠… ②格… Ⅲ.①自然科学 - 青少年读物 Ⅳ.① N49

中国版本图书馆 CIP 数据核字（2018）第 251378 号

PUBLISHING & MEDIA 中南出版传媒

孩子也能懂的诺贝尔奖
Haizi Ye Neng Dong De Nuobeier Jiang
——跳出黑洞的诺贝尔奖
——Tiaochu Heidong De Nuobeier Jiang

总 策 划：周　霞　　策划编辑：刘艳彬
责任编辑：万　伦　　封面设计：进　子
质量总监：阳　梅　　版式设计：进　子

出 版 人：胡　坚
出版发行：湖南少年儿童出版社　　地　　址：湖南省长沙市晚报大道 89 号
电　　话：0731-82196340（销售部）82196313（总编室）
传　　真：0731-82199308（销售部）82196330（综合管理部）
常年法律顾问：北京长安律师事务所长沙分所　张晓军律师

印　　刷：湖南立信彩印有限公司　　开　　本：710mm × 980mm　1/16
版　　次：2019 年 6 月第 1 版　　印　　次：2024 年 3 月第 8 次印刷
书　　号：ISBN 978-7-5562-4209-2　　印　　张：10.5
定　　价：39.80 元

目录

第1章

宇宙的温度：“诺囧”之一囧再囧

1964年，美国贝尔实验室的彭齐亚斯和威尔逊架起一架非常精密的天线，谁知天线从没正常工作过，收到的全是噪声，咋办？

没想到，他们的噪声竟然是科学家苦苦寻觅的“微波背景辐射”，宇宙大爆炸理论因此获得了实验支持。什么是“微波背景辐射”？宇宙大爆炸理论又为我们揭开了哪些宇宙的秘密呢？

宇宙空间明天多少摄氏度？

“明天白天，最高温度是20摄氏度；今天夜间，最低温度是8摄氏度。”

这样的天气预报对我们来说再熟悉不过。我们每天都要和温度打交道。温度是用来衡量物体冷热程度的物理量。每一个物体都有温度，比如，人体的正常温度是36~37摄氏度；家里的酸奶机维持在35~45摄氏度，这样的温度适宜酸奶中的细菌生长；沸腾的水是100摄氏度；太阳表面的温度约为6000摄氏度；而月亮表面的温度在−183~−127摄氏度之间变动……

以上这些都不难理解。下面我们要问一句：宇宙空间有温度吗？有宇宙空间天气预报吗？

哇！口气太大了！没人能回答，甚至没有人胆敢提出这些问题。

宇宙，那不就是一片真空吗？如果时光倒流100多年，当时的人们会说：宇宙中大部分的地方是真空的，真空没有温度。只有宇宙里的星星才会有温度。20世纪初，在科学界普遍流行的观点是，宇宙没有温度。

然而，人们对自然的认识，不是一成不变的。

1927年，比利时物理学家乔治·勒梅特对宇宙的起源提出了一个自己的看法。他认为宇宙最初就是一个点，然后激烈地迅速膨胀，直到现在仍然还在膨胀。

好家伙！此言一出，立即引发轩然大波。

“——哈哈哈……宇宙最初是一个点？亏你想得出来呀！”

“——宇宙迅速膨胀？你看见了吗？凭什么这么说？”

“——宇宙现在还在膨胀？嘁，谁信呐？”

……

曾经是笑话

在勒梅特生活的时代，上到天文学家，下到普通民众，人们普遍坚信宇宙是永恒不变的。就连头顶一串光环、被誉为牛顿之后最伟大的科学家、相对论的提出者阿尔伯特·爱因斯坦也加入这个阵营，为“静态宇宙观”呐喊助威。

在这种情势下，勒梅特的理论横空出世，等于有人站在街上说自己上辈子是孙悟空，让人难以置信。勒梅特所描述的，不仅完全超乎人们的想象，更和人们日常看到的、听到的、感觉到的八竿子打不着。最要命的是，作为一个科学观点，它没有任何理论和实验的支持，当然也不会被人们接受，而且它几乎成了一个大众笑柄。

英国著名的天文学家弗雷德·霍伊尔在一次接受 BBC 采访的时候，调侃地把勒梅特的理论戏称为“那个大爆炸的观点”。虽然霍伊尔并不支持“大爆炸”理论，不过他这个带有开涮意味的叫法，却让“宇宙大爆炸理论”如炸开了锅一般迅速家喻户晓。

时至今日，宇宙大爆炸理论仍然是科学的前沿热点。一部在我国备受追捧的美剧《生活大爆炸》原名就叫 *BIG BANG THEORY*（中文：大爆炸理论），剧中几位性格迥异的科学家生活在一起，笑料不绝、奇事不断。一个深奥的物理学理论名词，竟然走出象牙塔，冠名热播电视剧，由此可见大爆炸理论的“明星”地位。

有人说，科学家就是一群被颁发了“胡闹许可证”的大顽童。尽管会被视为笑话，还是有些“大顽童”推推鼻梁上的眼镜，跟这个“笑话”继续逗着玩。在大爆炸理论进入人们的视野的同时，还有一大堆它的推论。其中一个比较有意思的，就是宇宙的温度。

前面讲了，当时的理论普遍认为宇宙就是一片虚无的空间，是没有温度的。可是宇宙大爆炸理论偏偏认为宇宙有温度，甚至还计算出了这个温度大约是 –270 摄氏度。在这个温度下，宇宙中弥漫着一种电磁波，这种电磁波被称为宇宙微波背景辐射。宇宙微波背景辐射被看作是宇宙大爆炸的遗迹。

好吧，你们说宇宙大爆炸的，给我们看看微波背景辐射啊！在哪里、在哪里啊？哪里有你们说的这种电磁波啊？展示给我们看啊！

于是，一群被称为“物理学家”和“天文学家”的“大顽童”们就去找。可是，它并没那么容易被找到。

——哈哈哈，还说什么宇宙大爆炸？

——嚯嚯嚯，太搞笑了！

阿诺·彭齐亚斯

一囧再囧

今天，在通信科技和网络软件方面处于全球领先地位的朗讯科技公司，它的前身叫作贝尔实验室，这是一个在科技史上闪闪发光的名字。贝尔实验室自成立至今，已经贡献给人类近30000项专利技术，平均每个工作日就蹦出4项，更有9个诺贝尔奖从这里诞生。我们熟知的晶体管、移动电话技术、太阳能电池、C语言……就出自这里。

1964年，美国贝尔实验室的两位工程师彭齐亚斯和威尔逊制造了一架非常精密的无线电信号接收天线。关于他们为什么要弄这个天线，有各种版本的传言：有人说他们要寻找外星人发射的无线电信号；有人说他们为美国政府工作，帮助提高军事卫星通信的灵敏度……不过这已经不重要了，因为自打天线造好，就没有正常工作过——别笑！有时候，生活本身真的比喜剧还要令人无语。

导致天线无法正常工作的罪魁祸首是噪声。作为无线电工程师，彭齐亚斯和威尔逊非常清楚，天线收到噪声，是再正常不过的事了。只要噪声不大，就可以不用去管它。可彭齐亚斯他们这次要进行的工作，偏偏对精度有着极其苛刻的要求，非要把所有的噪声都消除掉才行。

于是他们使出浑身解数：调整天线的角度，更换更为稳定的元件，清理天线的表面，让人哭笑不得的是，他们甚至还从天线里面找到了一窝萌萌的鸽子！然而所有努力都白费了，这个噪声仍然像在坚守岗位一样存在着——看到了吧？有时候，生活本身真的比喜剧还要搞笑。

如果换了别人，也许就放弃这个项目了，可是彭齐亚斯和威尔逊却没有。他们真像《生活大爆炸》里的“谢耳朵”博士一样较真儿，硬要“在哪里跌倒就在哪里爬起来”，竟然把自己这些背运透顶的糟心事儿和这

个打死也撵不走的噪声一五一十地写成文章，还发表了，希望能有人帮助他们解决问题。

普林斯顿大学的 R.H. 迪克一看到他们的文章，两眼放光，如获至宝。他敏锐地意识到，这个噪声很有可能正是一票天文学家苦苦寻找的微波背景辐射呐！经过进一步仔细地测量，证实了这个所谓的"噪声"果然就是猜测中的“神秘角色”，它所对应的温度是 –270.45 摄氏度。这下，谁还会再嫌它“死皮赖脸”？原来它竟是 137 亿年前的劫后余波，正幽幽地向人们吐露宇宙创生的秘密。

就像许多扣人心弦的影片总是在最后一刻上演惊天大逆转。一向不被看好的宇宙大爆炸理论竟然有了实验支持！从此，宇宙大爆炸理论逐渐取代了先前的静态宇宙理论，被人们接受。1978 年，彭齐亚斯和威尔逊因为这个发现获得诺贝尔物理学奖。《生活大爆炸》电视剧里，以物理学家自居的“谢耳朵”博士一直桀骜不驯，看不起身为工程师的霍华德，而且毫不掩饰，各种挤对。可这一次，两位无线电工程师竟然能够“高攀”了无数物理学家终身仰望、求之不得的诺贝尔物理学奖！真是让人大跌眼镜。——没想到吧？有时候，生活本身真的比喜剧还要出人意料。

如今是神话

现在，宇宙大爆炸理论已经被人们广为接受。这个理论能够帮我们揭开宇宙神秘面纱的一个小角。

宇宙的年龄大约是 137 亿年。

在 137 亿年前，宇宙并不存在，时间和空间也不存在。

突然"嘭"的一下，在一次大爆炸中，宇宙诞生了。

新生的宇宙很小，但温度很高。随后，宇宙开始膨胀，同时温度开始下降。宇宙膨胀的速度很快，大约在宇宙诞生的第 10 秒，质子和中子结合成氢、氦等原子的原子核，那时的温度是 30 亿摄氏度；大约在第 30 万年的时候，电子和原子核结合成为原子；大约 4 亿年时，第一批恒星形成，银河系形成；大约 90 亿年时，太阳系形成。

现在的宇宙，平均温度已经下降到 –270 摄氏度，而且还在不断地下降。根据物理学理论，宇宙中任何一个地方的温度都不可能低于 –273.15 摄氏度。所以宇宙的温度已经很低了。

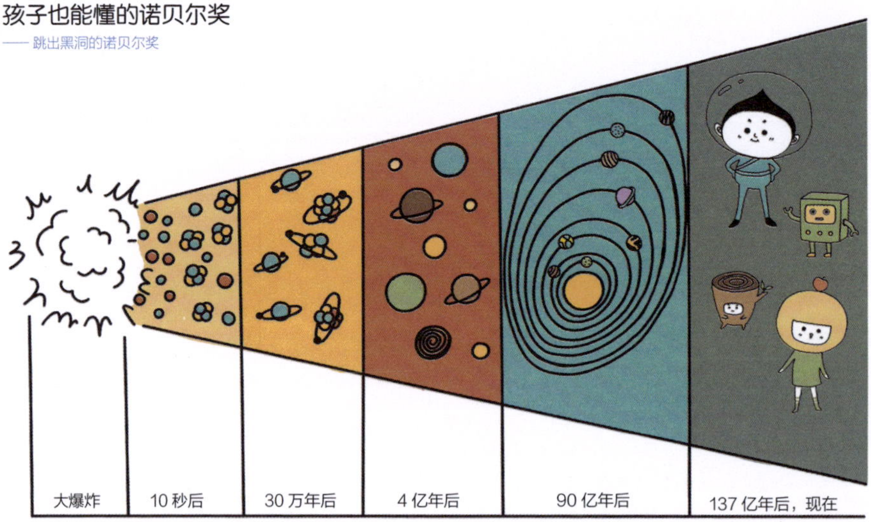

宇宙大爆炸理论可以回放过去，是否也可以洞见未来呢？——科学家告诉我们，宇宙的未来将是什么样的，取决于宇宙的总质量。天文学家发现，宇宙的总质量有一个临界值。如果宇宙的总质量大于这个临界值，宇宙膨胀到一定程度后，就会慢慢开始收缩，最终又收缩成一个点，开始一轮新的大爆炸。而如果宇宙的总质量小于这个临界值，那么宇宙将一直膨胀下去。

那么，宇宙会不会迎来并经历一次新的大爆炸，浴火重生？还是继续膨胀，让人类期待的星际旅行更加漫长？现在还不得而知。原因是宇宙的总质量到底是多大，我们目前还不知道，因为宇宙中存在太多我们看不见的物质和能量。宇宙本身永远是一部充满未知、推理和假设的悬

罗伯特·威尔逊

疑大片，而且永不落幕。

至于，我们的两位主角——彭齐亚斯和威尔逊，也许有人会感到不服气："这样也行？一事无成，歪打正着，就白捡了个诺贝尔奖！"是的，相对于他们原计划中的目标，他们是不折不扣的失败者，而且输得有点儿窝囊，实在够无奈。然而殊不知，诺贝尔奖有输赢，科学无成败。科学不以"获得什么""达到目标"作为唯一评判标准。科学崇尚的是在好奇心驱动下，探索未知的领域，帮助人们更准确地认识和理解这个世界；尊重事实，而不是迷信权威。对世界本来面貌的探索，是科学家的终极任务和神圣使命。彭齐亚斯和威尔逊在面对令人尴尬的失败时，没有作假，诚实坦白，实事求是，追求真谛。他们是科学精神的赢家和楷模，也正是在他们一次次失败中的收获，彻底改变了人类对宇宙的认识。他们上演的是一部现实版的《生活大爆炸》。就让我们收起嬉笑，为他们的故事肃然，鼓掌，致敬。

延伸阅读

❶ 阿诺·艾伦·彭齐亚斯（1933— ），美国射电天文学家，因发现了宇宙微波背景辐射而获得 1978 年诺贝尔物理学奖。

❷ 罗伯特·伍德罗·威尔逊（1936— ），美国射电天文学家，因发现了宇宙微波背景辐射而获得 1978 年诺贝尔物理学奖。

◆作为静态宇宙的“死忠粉”，爱因斯坦甚至不惜修改自己的宇宙学方程，来支持静态宇宙说。不过，多年之后，爱因斯坦认识到，这一修改竟是自己一生中犯的最大错误，因为宇宙并不是静态的。

◆威尔金森微波各向异性探测器，2001 年发射升空，专门用于探测宇宙微波背景辐射。

◆这一章出现的“囧”字，是从 2008 年开始在使用中文的地区的网络社群出现的，后成为网络聊天、论坛、博客中使用最频繁的字之一，它被赋予“郁闷、悲伤、无奈、尴尬、困窘”之意，由于文中的多处表达需要，故借该字一用，特在此说明。

第2章

发现电子：千年观念被打翻

什么是电？

距今4700多年前，古埃及人的书中就记载了带电的鱼，说是“尼罗河的雷使者”。在古埃及人看来，这种带电的鱼是在保护其他鱼的。1831年，英国科学家法拉第制造出世界上第一台发电机。

如果说对电的研究和应用改变了我们的生活，那么发现电子，改变了我们对世界的认知，终结了一个西方人坚信了2000多年的观点。为什么这么说呢？

神秘的电

你有没有想过，电是怎么从发电厂来到千家万户的？在电灯、电视机、电冰箱、手机里，电是怎么传输的？我们见过水在河道奔涌流淌，因此我们可以想象，水在水管里的情形也差不多，那么电在电线里也是这样吗？

在大部分情况下，电的传输是通过电子的运动来实现的。那么电子是什么？

人类是先认识电现象，后发现电子的。对电的研究已经达到了一定的高度，却还不知电子的“庐山真面目”。对电的利用，改变了我们的生活；电子的发现，则改变了我们对这个世界的认知。

对电现象的研究，可以说历史悠久。人们发现在公元前 2750 年古埃及人撰写的书中，就有关于带电的鱼的记载，有意思的是，写书人充满敬意地把这种鱼称为“尼罗河的雷使者”，认为它是其他鱼的保护者。别笑！这是距今将近 5000 年前的事。公元前 600 年左右，古希腊人开始研究静电。到了近代，人们对电的研究取得了巨大的进展，认识到了电

约瑟夫·约翰·汤姆孙

的本质、电与磁的关系，发明了电池、电动机、发电机等一系列与电有关的东西。

尽管对电的研究十分透彻，可直到19世纪中叶，人们还不知道到底是什么物质在传导电。人们把带电物体所带的电称为电荷，电荷有正、负之分，这些电荷在传导电流。可到底什么是电荷呢？电荷的大小是多少？质量有多大？这些统统不知道。

最终为我们揭晓这些谜题答案的人，是英国物理学家约瑟夫·约翰·汤姆孙。

14 岁上大学的汤姆孙

汤姆孙 1856 年生于英国的第二大城市曼彻斯特，他的父亲本是一个摆摊卖书卖报的小贩，后来凭着自己的努力成为一名出版大学教材的出版商。

老汤姆孙很重视儿子的教育。“名师出高徒”的道理人人都懂。中国的孟母为了孩子能有个好的成长环境，还不惜三次搬家呢。人家老汤姆孙在工作中认识了为数不少的大学教授，自然不会白白浪费，他把他们请到家里来教儿子！汤姆孙也很争气，学习成绩特别棒，14 岁就考入了曼彻斯特大学。14 岁呀！放在现在，大多数人在这个年纪，才刚上到八年级，开始在学校里学习一门叫作“物理”的课程，而 100 多年前，14 岁的汤姆孙已经进入大学物理系深造了。

1876 年，汤姆孙进入三一学院学习，它是剑桥大学里面的学院之一。如果你读过《哈利 · 波特》，一定知道，哈利 · 波特和小伙伴们就读的霍格沃茨魔法学校就有 4 个学院，哈利 · 波特进的学院叫作格兰芬多。

英国的大学就是这样，即便同一所学校里的不同学院，也各有不同，在某种意义上说，几乎就像是各自为政的“校中校”。汤姆孙就读的三一学院是剑桥大学中名头最响亮的。论规模，它最大，约有180名教授、600名大学生、300名研究生；论财力，它最雄厚，由英国国王亨利八世于1546年出资创建，当然不差钱；论校舍环境，它最优美，拥有众多的“古董级”的精美建筑和幽雅庭院，徜徉其中令人流连忘返；论历史，它最辉煌，翻开三一学院的校友名录，简直亮瞎眼！光是诺贝尔奖得主就有32位，各个领域的大师巨匠灿若星辰。比如牛顿，他是力学大厦的奠基人；比如我们常说“知识就是力量”，说这话的人——哲学家培根也毕业于三一学院，他引领了欧洲的文艺复兴之路；还有诗人弥尔顿，他的代表作《失乐园》，与《荷马史诗》《神曲》一起被并称为西方三大诗歌。

在这样一所名校就读，资质不凡的汤姆孙如虎添翼。1880年，汤姆孙以第二名的成绩取得三一学院的学位，随后留校任教。1884年，他受聘成为剑桥大学卡文迪许实验室的主任。那一年，他只有28岁。

一种会发光的玻璃管

在汤姆孙生活的时代，有一场关于阴极射线的争论。

什么是阴极射线呢？

当时，科学家发明了一种能发光的玻璃管。在这种玻璃管的两端，各有一块金属片，分别接电池的正极和负极。把玻璃管内的空气抽走，然后给两块金属片通电，玻璃管就会发光。

为什么会发光呢？经过研究，人们得知，是因为接负极的金属片发出一种射线。由于负极也被称为阴极，所以这种玻璃管也被称为阴极射线管，而那种射线被称为阴极射线。

千万别被“阴极射线管”这个听上去颇有高冷科技范儿的名字吓到。我要是说日光灯、霓虹灯就是阴极射线管，可能你就会觉得亲切多了。嗨！满街都是，谁没见过呀？

阴极射线之争

现在看来很平常的阴极射线管，可 100 多年前，人们根本不知它是何方神圣！这个问题引发了英、德两国的物理学家之间一场旷日持久的争论。

以著名物理学家赫兹为首的德国物理学家，认为阴极射线是一种电磁波。要知道，赫兹是第一个在实验室中发现电磁波的人，在那个时候，没有人敢说比赫兹更了解电磁波。人们认为赫兹说阴极射线是电磁波，

那它一定就是电磁波！

可一些英国物理学家却不买赫兹的账。他们认为，阴极射线不是电磁波，而是一种带负电的微粒。一方认定阴极射线是电磁波，就是电磁波！另一方认定它是微粒，重要的事说 3 遍，微粒，微粒，微粒！争论持续了 20 多年，谁也拿不出有力的证据，谁也说服不了谁。英国队和德国队 0∶0。

科学不是靠打口水仗的，也不比谁嗓门大，英国物理学家汤姆孙决定通过实验研究阴极射线的本质。科学上的争论要用事实来说话，不能凭国籍和人多势众来决定谁是谁非。

现出原形是粒子

汤姆孙首先攻克的难题，就是让我们能“看”到阴极射线。

怎么看呢？

要知道，阴极射线是一种无色的东西，运动速度还非常快，一般情况下根本看不到，看都看不见，怎么去研究它呢？汤姆孙发现一种叫硫化锌的物质能帮上忙，他将硫化锌涂抹在玻璃片上，当阴极射线经过玻璃片的时候，就会看到硫化锌发光。这样就让我们间接看到了阴极射线。

看到阴极射线后，汤姆孙开始研究阴极射线的运动轨迹。他发现，在通常情况下，阴极射线的运动轨迹是一条直线，而如果在阴极射线管的外面加上电场或者磁场，阴极射线就会发生偏转。在电场中，阴极射线的偏转方向与电场的方向相反。

由此，汤姆孙得出结论：阴极射线不会是电磁波，因为电磁波不会在电场和磁场中偏转。阴极射线是一种带负电的粒子。

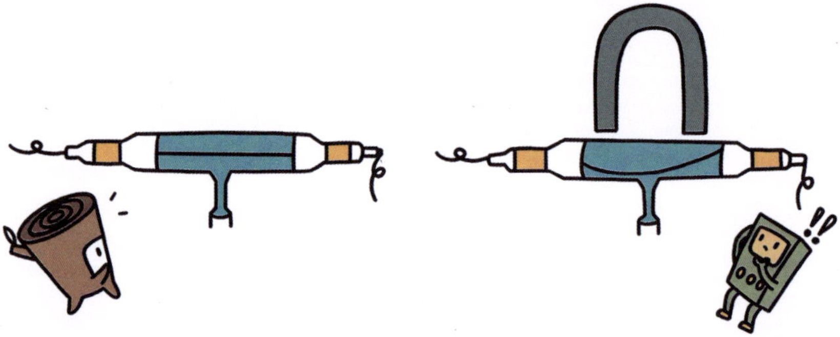

英国队 1:0 领先！可还没有完全获胜。这里卖个关子：德国队也没有一败涂地，他们说阴极射线是电磁波，虽被汤姆孙证明不对，却也不是空穴来风一点儿根据都没有。30 多年后，为德国队挽回点儿面子的，竟然是汤姆孙的儿子！到底是怎么回事？——看到后面你就知道了。

确定阴极射线是一种微粒之后，一大串的新问题随之而来：这种粒子是什么东西？是某种分子？还是某种原子？……哇！能把这急如火快如风、看不见摸不着的东西确定是一种微粒，还知道它带负电，就已经够难的了。打破砂锅问到底，还要问锅渣在哪里。要搞清楚这种微粒是什么粒子，姓甚名谁，这真是难上加难。必须进行更精确的实验才能解开这个谜题。

精确实验辨身份

要想分辨不同的人，最简单的办法是看脸，要么大喝一声：来将通名！可是微观粒子没长鼻子眼睛，问话也不答，该怎么分辨它们呢？

别发愁！物理学家知道，微观粒子有一个标志性的指标，叫荷质比。微观粒子很多是带电的，当然它们还有自己的质量。一个粒子所带电荷的大小与其质量之比（电荷量除以质量），就是荷质比。在研究微观粒子时，通常测量它们的带电荷量和质量很难，而测量它们的荷质比却容易得多，所以荷质比是微观粒子很重要的指标。就好比抓逃犯时，如果成功提取了这个人的指纹或血型，就能帮助警方尽快锁定嫌疑人。

汤姆孙设计了一系列精确的实验，测量了阴极射线中粒子的荷质比。汤姆孙发现，阴极射线的荷质比很大，大约是氢离子的2000倍，而氢离子是当时已知的荷质比最大的一种粒子。由于阴极射线粒子所带的电荷量与氢离子差不多，所以这种粒子的质量大约只有氢离子的1/2000。因为氢原子和氢离子的质量几乎一样大，而氢原子是已知的质

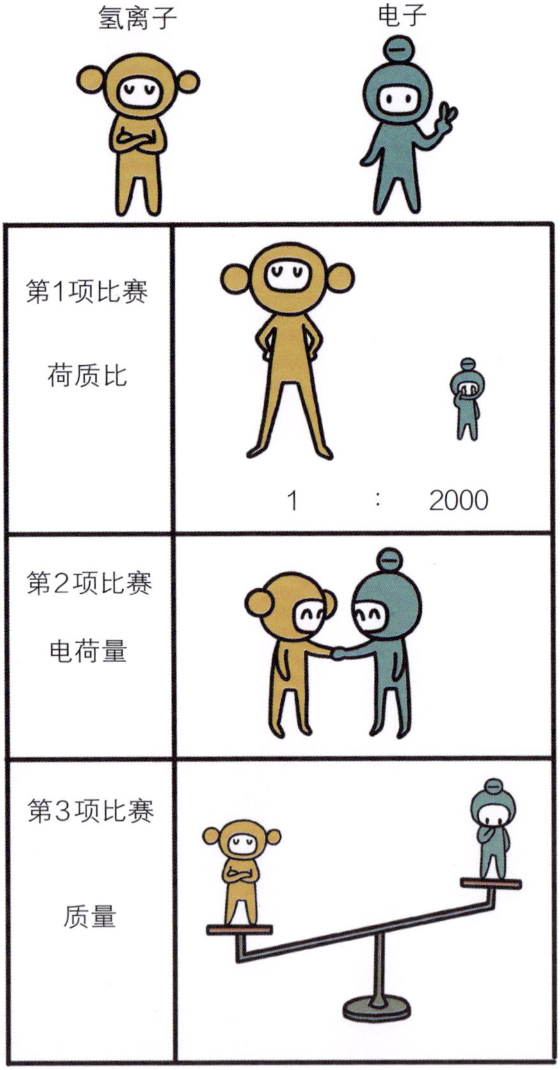

量最小的原子，所以这种新发现的粒子，一定不是原子，应该是原子内部的一种粒子。汤姆孙正式把阴极射线中的微粒命名为“电子”。

又一次更新观念

1897 年，汤姆孙把发现电子这件事公之于世，立刻震惊了世界。

在此之前，人们认为原子是组成物质的最小微粒。英文中的原子（atom），来自希腊语，意思是“不可再分”。这个观点已经统治了科学界 2000 多年。汤姆孙的发现告诉我们，原子可以再分！原子里面还有粒子。电子的发现，改变了人类对自然的认识，打开了原子世界的大门；更掀起了研究电子的热潮，让人们对电的本质有了更加深刻的认识。汤姆孙因此获得了 1906 年诺贝尔物理学奖。

电子的发现、X 射线的发现和放射性的发现，被誉为“世纪之交的三大发现”。相比之下，发现 X 射线的过程带有某种偶然性，也为伦琴的科学人生平添一抹传奇色彩；居里夫妇发现放射性的历程，则经常被讲成励志故事，感人至深；而电子的发现，更像一部精彩的科教纪录片，它彰显了科学发展的必由之路：大量的科学家参与、无数的实验探索、争鸣的理论交锋，长期的科学争论后，经由实验揭示真相。

父子诺贝尔奖

历史上杰出的科学家大有人在，而像汤姆孙这样的，可以说做到了完美！作为科学家，他在实验室里，有着石破天惊的发现，毋庸置疑地摘取了诺贝尔奖的桂冠；作为教授，他的学生中，有 9 位诺贝尔奖得主；作为领导者，他广招贤才，从英国甚至世界各地招收顶尖人才，领导卡文迪许实验室成为当时世界上的物理学圣地之一。

作为父亲，他同样值得自豪。汤姆孙的独生子乔治 · 佩杰特 · 汤姆孙子承父业，上剑桥、读三一学院、学物理，史称 G.P. 汤姆孙。在 G.P. 汤姆孙的父亲获得诺贝尔物理学奖 31 年后，他自己也登上斯德哥尔摩的颁奖台，和父亲当年一样，得的也是诺贝尔物理学奖。G.P. 汤姆孙获奖的原因是发现电子在某些情况下，具有类似电磁波的属性，也就是说，电子有些情况下的表现，和电磁波有些相似。怪不得阴极射线之争中，德国人认为它是电磁波呢。父子皆获诺贝尔奖，迄今为止，只有 3 对，汤姆孙父子就是其中之一。下文中为了区分他们，我们把发现电子的汤姆孙，称作 J.J. 汤姆孙。

1940 年，J.J. 汤姆孙在剑桥逝世。他的骨灰被安葬在威斯敏斯特教堂中，与牛顿、达尔文、狄更斯等伟大的科学家、文学家长眠在一起。

延伸阅读

❶ 约瑟夫·约翰·汤姆孙（1856—1940），英国物理学家，因发现电子而获得 1906 年诺贝尔物理学奖。

❷ 乔治·佩杰特·汤姆孙（1892—1975），英国物理学家，因证实电子的波动性而获得 1937 年诺贝尔物理学奖。

◆ 1831 年，英国科学家法拉第制造出世界上第一台发电机，当时的人们还认识不到它的作用。在皇家学会做报告时，竟然有人问：这东西有什么用？法拉第反问：新生的婴儿有什么用？现在我们知道，这台机器把人类带进了电气时代。

◆我们收听广播时，经常听到的中波 828 千赫、103.9 兆赫……这里的“赫”就是赫兹，赫兹是个人名，也是频率的单位。

第3章

原子结构：我猜，我猜，我猜猜猜

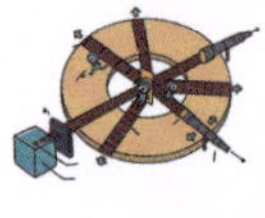

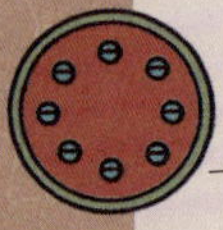

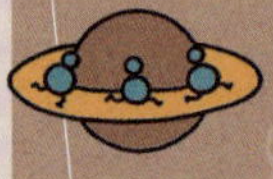

原子太小了，看不见。原子里面的样子，谁能回答呢？——只能猜！

汤姆孙提出了西瓜模型。长冈半太郎提出了土星模型。卢瑟福为了验证西瓜模型，做了一个实验，没想到这个实验的结果大大出人意料。根据这个实验结果，卢瑟福提出了有核模型。

有核模型尽管前进了一些，但又带来了新困惑：要是原子真的是有核模型描述的样子，那么物理学家甚至无法解释为什么自己所在的楼房没有倒塌！这是怎么回事？

对同一件事情，不同人的看法是不同的。比如中国古时候的庄子说："一尺之棰，日取其半，万世不竭。"意思是说，一尺长的一根短木棍，今天"咔嚓"把它一刀切成两半，明天取其中一半，再切成两半，后天继续重复这个动作……天天有的切，一直到地老天荒也切不完。这句话体现了我国古人认为一个物体是可以无穷无尽地分割下去的。打住！西方人不这么想，他们觉得这样的分割到原子就 game over（结束）了。原子（atom）的意思就是"不可再分"。原子不可再分的观点，西方人死心塌地地信了 2000 多年。

1897 年，汤姆孙发现了电子，他的实验说明，这小东西只能是原子里面的，铁证如山，哎哟！

电子还是带负电的，都知道原子不带电，这就意味着，原子里面不仅有带负电的电子，而且还得有个带正电的东西，才能正负相抵，让原子整体对外不显电性，哎哟哟！

以前先生教学生，学生成了先生再教学生：同学们，原子是不可再分的。原子没有内部结构，换句话说，原子是实心疙瘩一个，记住了吗？如今知道了还有电子，就仿佛孙悟空发现了水帘洞——敢情这里头还有好大地方呢！哎哟哟哟！

于是，一个问题自然而然地产生了：原子里头是什么样的？

我猜，像个西瓜！

原子里面什么样？这太难了！原子就已经小得看都看不见，原子里面的结构，天呐！怎么才能知道呢？这回铁定没有孙悟空替我们飞进去看看了。

那就——猜！

1904 年，汤姆孙提出了第一个原子模型——西瓜模型。他认为原子就像一个西瓜，原子所带的正电均匀分布像西瓜瓤，而电子就像西瓜子一样嵌在原子中。

也许看到这里，你已惊掉下巴：科学家怎么也拍脑袋瞎猜呀？这太不科学、太不严谨了吧？

当我们不了解某样东西时，可以根据一些已知的条件去猜，或者叫提出假想。当然猜出来的，不能当真，要通过实验去检验猜得对不对。如果假想符合实验结果，或者可以很好地解释一些现有的实验现象，人们就会认同你猜的，也就是说假想升级为理论。科学探索之路就是这样的。猜也不能瞎猜，如果你猜原子的样子不像西瓜，而像石榴，那就有点儿不靠谱了，因为原子里的电子不会像石榴子那样紧紧挨在一起，应该彼此离得比较远。

一个猜想是否正确，要看它是否能解释实验现象。那么和原子相关的实验现象有哪些呢？在当时主要有两个方面：

一是原子的化学性质。我们知道，原子是参与化学反应的，不同的原子参与化学反应的表现是不一样的，为什么会有这种差别呢？这一定和原子的结构有关。

另一个方面是光。当时的科学家已经发现，每种原子都能发出特定颜色的光，比如钠会发出黄光、铜会发出绿光、钙会发出红光……为什么每种原子都会发出特定颜色的光呢？显然这也和原子的结构有关。

西瓜模型可以很好地解释原子的化学性质，却无法解释为什么原子会发特定颜色的光。这说明西瓜模型猜得不准，继续猜！

会不会像土星那样呢？

我猜，我猜，我猜猜猜！电子的横空出世，打开了探究原子的大门，把人们带到了一个全新的未知领域。这么好玩的事，多刺激呀！当然不会只有汤姆孙一个人猜，就在西瓜模型被提出的同一年，在地球另一端的日本，有一位叫长冈半太郎的物理学家提出了原子的土星模型。长冈半太郎认为，原子里有一个带正电的实心球，像土星一样，电子像土星的光环一样绕着原子不停旋转。

真有意思啊！那这回猜得对不对呢？

长冈半太郎的假想，可以很好地解释原子只能发出特定颜色的光这一现象，但面对化学性质方面的表现，就说不通了。

1904年的日本，可不是像今天一样，是个科技和经济都非常发达的国家。20世纪初，他们才刚刚完成了明治维新，在学习西方先进文明的路上一溜小跑、快马加鞭。而早在几十年前，欧洲已经大踏步进入电气化时代，科技和学术研究水平比日本强多了。日本人提出的原子结构猜想，

用今天的话说就是“弱弱的”，没什么人搭理，甚至很多人压根都不知道还有这么一回事。

不少人的注意力都集中在汤姆孙的西瓜模型上。他们千方百计试图完善西瓜模型——会不会是那样的一个“西瓜”呢？要不让“西瓜”再“长”点儿什么吧？……努力让它可以解释原子只能发特定颜色的光这件事。而正在这个时候，有一个人做了一个震惊世人的实验，扑哧一下，把“西瓜”砸碎了。

欧内斯特·卢瑟福

这是我挖的最后一个土豆啦

做这个实验的人不是别人，正是汤姆孙的得意门生——欧内斯特·卢瑟福。

卢瑟福是一个新西兰人。这个人真是个天才！他手握文学硕士证书，拿过诺贝尔化学奖，是一名杰出的实验物理学家。——是的！我没写错，你也没看错。卢瑟福 23 岁的时候就获得了 3 个学位，分别是文学学士、文学硕士、理学学士。24 岁时，著名的剑桥大学向他抛出橄榄枝，他获得了奖学金，进入剑桥大学卡文迪许实验室，成了汤姆孙的研究生，开启了他作为物理学家的人生篇章，一生硕果累累；在《不列颠百科全书》中，他被称作是“继法拉第之后最伟大的实验物理学家”。1997 年，为了纪念卢瑟福的贡献，人们将第 104 号化学元素命名为“铲”。据说，当卢瑟福收到剑桥大学的录取通知书时，他老人家正在农田里挖土豆。收到通知，卢瑟福扔掉锄头，搞笑地喊道：“这是我挖的最后一个土豆啦！”

从干农活，到做科学实验，这个变化确实有点儿大。可能他本人也不曾想到，更大、更刺激、更出人意料、更有喜感的变化，还在后面等着他呢。

最难以置信的事

卢瑟福的研究方向是放射性现象，这是当时的大热门。卢瑟福在放射性现象方面成就多多，1908年他因为放射性现象方面的卓越贡献，获得诺贝尔化学奖。据说，当来自斯德哥尔摩的通知到来时，他正与人讨论问题。身材高大、嗓门也大的卢瑟福打开信封一看，大笑起来："你们看呐！他们给我的是化学奖！我这一生专门研究各种变化，但这次的变化最大了。我在一夜之间从一个物理学家变成一个化学家！"

诺贝尔奖桂冠加身后的第二年，也就是1909年，卢瑟福做了他一生中最重要的实验。这个实验设计精巧，结果却出人意料，连卢瑟福本人也瞠目结舌！他做这个实验原本是想验证老师汤姆孙提出的西瓜模型，结果却把"西瓜"打了个粉碎。

这就是著名的α粒子散射实验。

α是希腊字母，念阿尔法。α粒子恰恰是卢瑟福在研究放射性现象时发现的，α粒子就是氦的原子核，它比电子的质量要大数千倍。有首歌里唱“丢颗石头试水深”，原子结构固若金汤，可不是随手一丢就能试出真面目的。卢瑟福选择势大力沉的 α 粒子，给它们加速，成为一股强势的 α 射线，去轰击金箔。他想通过观察轰击后 α 粒子的飞行路线，来判断金原子内部的结构。

按照老师汤姆孙提出的西瓜模型，原子内部稀疏、空荡荡，只有那么几个稀稀拉拉、谁也不挨着谁的电子，而且个头也小。这意味着，质量大、速度高的 α 粒子通过原子内部时，应该是畅通无阻、所向披靡，没有什么阻挡它的路。α 粒子尽可以走自己的路，照直通过，扬长而去。

而实验结果却出乎意料！**尽管大部分 α 粒子的飞行线路与预想的相同，但有少量 α 粒子却离奇地拐了个大弯，物理学家把这叫作大角度散射或者大角度偏转，甚至还有一些 α 粒子竟然被金箔弹了回来。**这太不可思议了！

“这就好比你发射出一发炮弹，炮弹打到一张纸上，却被纸反弹回来。这是我一生中从未有的、最难以置信的事。”卢瑟福的话描述得非常形象。

这样诡异的实验结果是西瓜模型无法解释的。α 粒子散射实验彻底

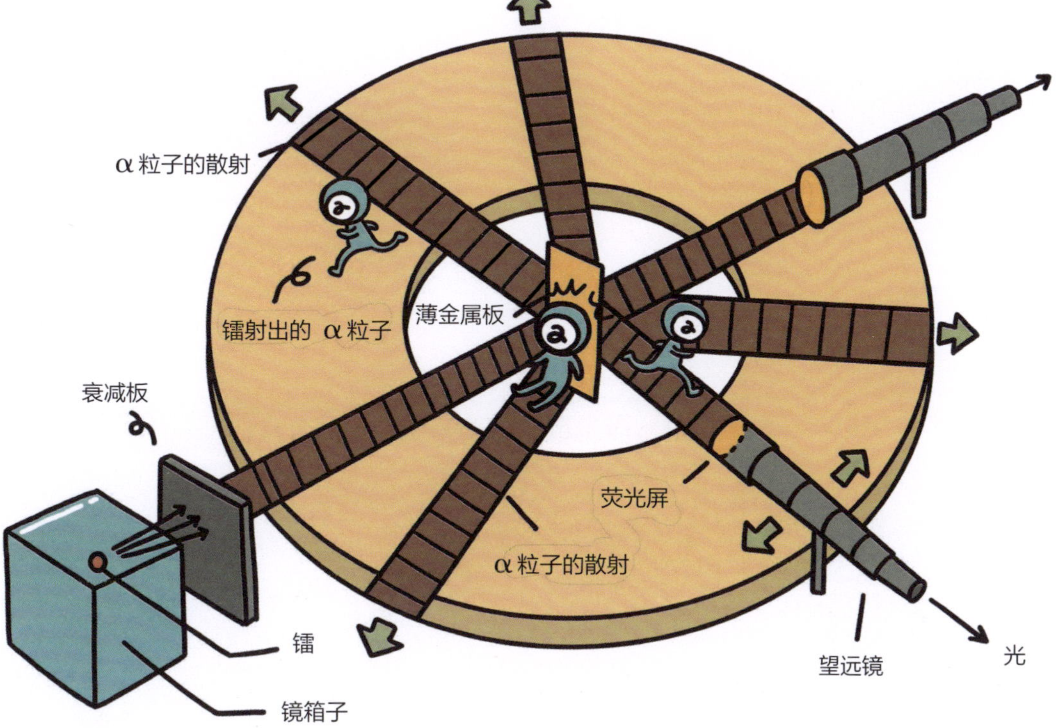

宣告西瓜模型的失败！尽管这是恩师汤姆孙提出的，但卢瑟福选择尊重事实，而不是盲目迷信权威。

经过认真思考，卢瑟福推翻了西瓜模型，在 1911 年提出了原子结构的有核模型。

所谓有核模型的意思是，原子内所有的正电荷和大部分质量，都集中在原子核内，原子核位于原子中心，所有电子在原子核外，围绕原子核旋转。注意啦！这回带正电的部分是很小、很集中的，呈核状，而不是西瓜模型声称的，像西瓜瓤那样稀疏弥漫，这部分被称为原子核。这样，当入射的 α 粒子没有遇到原子核时，就可以顺利沿直线通过；而当 α 粒子遇到原子核的时候，就被迫拐个大弯，甚至被反弹回来了。

α 粒子散射实验在物理学的历史上非常有名、非常经典！就算卢瑟福一辈子只做过一个 α 粒子散射实验，也足以彪炳史册。1919 年，卢瑟福又在实验中发现了质子，它是组成原子核的一种粒子。无论是 α 粒子散射实验，还是发现质子，都值得颁发给他一个诺贝尔奖。不过他并没有再次拿到诺贝尔奖奖章。

卡文迪许实验室

电子在这里发现！原子核在这里发现！质子在这里发现！DNA 双螺旋结构的发现，它也与有荣焉！到此，我们不能不提一提这个闪光的名字：卡文迪许实验室。卡文迪许实验室建立于 1871 年，由当时的英国剑桥大学校长卡文迪许公爵捐资建立，以他的亲戚、物理学家兼化学家亨利·卡文迪许命名。同时设立了“卡文迪许物理教授”这个头衔，实际上就是卡文迪许实验室主任。虽说这仅是一个校内的岗位而已，但却是照耀整个物理学界的一个称号。迄今为止，只有 9 个人担任过，个个都是重量级的大师。

第一任卡文迪许实验室主任是电磁学的奠基人之一麦克斯韦，汤姆孙是第三任，卢瑟福是第四任。从建立到卢瑟福时期，卡文迪许实验室可以说辉煌无比，我们今天对世界的认识，基本上是这个实验室奠定的。一半的近代物理学知识，都是来自这个实验室的发现。从 1904 到 1937 年间，卡文迪许实验室 11 次问鼎诺贝尔奖。汤姆孙培养了 9 位诺贝尔奖得主。卢瑟福的学生和助手中，先后出了 12 位诺贝尔奖得主！这个时期的卡文迪许实验室，可以说就是一个诺贝尔奖“学前班”。

物理学家不明白为什么楼房没有倒塌！

就像唐僧师徒西天取经，“刚降了一个妖，又来了一个魔”。卢瑟福的原子模型虽有进步，但并没取到真经，它有一个致命的缺点。

卢瑟福认为电子在原子核外不停地运动。电子是带电粒子。按电磁学的理论，当一个带电粒子做圆周运动的时候，它会向外辐射电磁波，导致能量减少。如果电子的能量不断减少，那么它会像我们回收的人造地球卫星那样，绕着地球转啊转，越转半径越小，最终落到地球上。卫星落到地球上，叫平安返回。电子落到原子核上，那可要导致原子的毁灭。大事不好？——别害怕！看看我们的宇宙！都存在100多亿年了，原子稳定着呢、好着呢，哪有自我毁灭！

尼尔斯·玻尔

猜想与事实不符，肯定说明卢瑟福的猜想还有漏洞。有人开玩笑，按卢瑟福的原子模型，物理学家甚至无法解释为什么自己所在的楼房没有倒塌。并且有核模型也无法解释元素周期律和原子发光的性质。怎么办呢？要么另猜一个，要么在卢瑟福的基础上再改一改。

这个时候，同在卡文迪许实验室，跟汤姆孙学习过的丹麦物理学家尼尔斯·玻尔站出来，顶了卢瑟福一把。

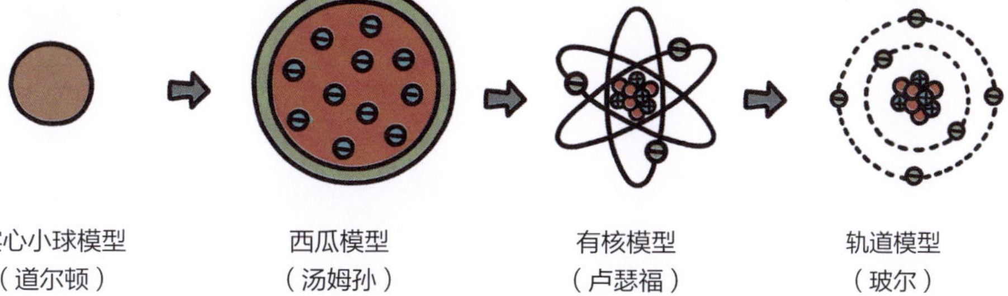

雷人的行星模型

玻尔认为，有核模型还是符合事实的，只是电子在原子核外的位置不是任意的，电子绕原子核运动不能想去哪儿就去哪儿，而只能在一些特殊的轨道上运动，并且这些轨道还得满足一定的特殊要求，就像田径场上的赛道，不是随便画出来的。当电子在其中某一条轨道上运动的时候，经典的电磁学规律管不到它，它不向外辐射电磁波。而当电子从一条轨道跳到另外一条轨道上运动时，需要吸收或辐射电磁波。这样就能保证原子是稳定的了。

楼不会塌了，可以放心了。可又有人说了：开玩笑呐？

玻尔的理论在当时看来简直就是发烧说胡话！他居然说电子的运动可以不遵守电磁学规律，凭什么呀？好吧，如果电子不遵守电磁学规律，那么它遵守什么规律呢？——玻尔没有回答。

偏偏就是这个看上去挺雷人的理论，成功地解释了氢原子的结构和性质，也改变了人们固有的观念。

1922 年，玻尔因为原子结构等方面的贡献，荣获诺贝尔物理学奖。

就像《哈利·波特》中的九又四分之三站台，把人带入一个隐秘的魔法世界，原子结构的探索到了玻尔模型并没有终结。它打开了人们认识微观世界的大门。人们又陆续发现了中子、正电子、介子、夸克……很多微观世界的规律和我们熟悉的宏观世界有着天壤之别。在对原子核的研究中，人们制造出原子弹、核电站。更为重要的是，走进微观世界之后的发现，彻底改变了我们对这个世界的认知。

延伸阅读

❶ 欧内斯特·卢瑟福（1871—1937），英国物理学家，因对原子蜕变以及放射性的研究而获得 1908 年诺贝尔化学奖。

❷ 尼尔斯·玻尔（1885—1962），丹麦物理学家，因对原子结构以及原子辐射的研究而获得 1922 年诺贝尔物理学奖。

◆原本汤姆孙提出的叫葡萄干布丁模型。因为中国小朋友不熟悉葡萄干布丁，西瓜的样子更深入人心，所以本书称之为西瓜模型，也有的书叫枣糕模型，说的都是同一回事。

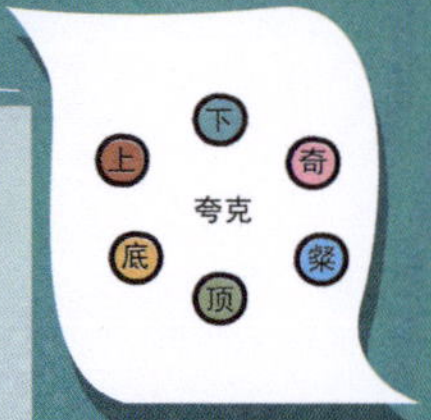

第4章

基本粒子模型：上帝粒子的真相

什么是组成世界最基本的物质？中国古人相信“五行学说”，即世界由金、木、水、火、土组成。而古希腊人有“四元素说”。

随着科学的进步和实验技术的提高，人们发现物质由分子组成，分子由原子组成，原子里有电子和原子核，原子核里有质子和中子……

到底什么是最基本的粒子？

如果从空中俯瞰北京的故宫，可以看到一片片金灿灿的黄色琉璃瓦覆盖在朱红色的宫墙上。唯独东华门附近的建筑用的是绿色琉璃瓦。这是为什么呢？——这源于古人对自然的认识。

中国古代的哲学家认为，世间万物皆由金、木、水、火、土这五种基本元素构成，称为五行。五行相生相克，支配着万物运行。紫禁城东边的一些建筑，是明清两朝的皇子们少年时读书的地方。在五行中，木对应东方，颜色为蓝色或绿色。这一带建筑的琉璃瓦用绿色，象征绿叶萌发，万物生长，寓意皇子们身体和学识的双重成长。

暑假里去过故宫的人，一定会刻骨铭心地记得三大殿的特点！太和殿、中和殿、保和殿气势不凡，却一棵树也没有；乾清宫、坤宁宫众星捧月，居然四周寸草不生，简直要晒死人啦！不是古代建筑师太懒，其实人家这样设计很“走心”。因为这些建筑居于故宫中轴线上，土对应中央，颜色是黄色，象征帝王之相。木克土，所以对应“木”的绿色在这里万万使不得，三大殿和乾清宫、坤宁宫的颜色都很少用绿色，周围更是不能种树种草。

相对于中国的五行，古希腊的哲学家的说法略有不同，他们认为世界的基石是水、火、土、气这四种元素，这是他们的“四元素说”。自从人类文明诞生以来，人们一直在寻找构成世界的最基本的物质。

无论是五行理论，还是四元素说，应该说，都来源于人们对自然界最原始的观察和思考，它们都有自己的理论，头头是道，自圆其说，但它们不属于科学的范畴。

随着科学的不断进步，人们逐渐认识到，分子才是组成物质的基本单位，分子又是由原子组成的。原子里面还有电子……

啊！这里头还有呐！

2000 多年来，人们坚信原子不可再分。谁知世纪之交，J.J. 汤姆孙的实验里，跑出来更小的电子……原子里面不仅有电子，还有原子核。原子核里有质子和中子……

每一次新的突破、惊喜的发现，都让科学家觉得好像距离目标越来越近了，人类很快就能发现构成宇宙的最基本的粒子了。干杯！——庆祝的香槟刚刚开瓶，泡沫汩汩涌出，新的问题也冒出头儿来。

随着实验技术不断提高，科学家放出大招儿，一个个“基本粒子”在实验室中相继被发现。1932 年，查德威克发现了中子，这个发现使他日后获得诺贝尔奖。同年正电子也被人发现了。20 世纪 50 年代，陆续发现了反质子、π 介子等 30 多种新粒子。美籍华裔物理学家丁肇中因为发现 J 粒子获得 1976 年诺贝尔物理学奖。

就像魔术师从他的帽子里拎出第一只兔子，观众鼓掌；拎出第二只兔子，观众惊呼；拎出第三只，哇，气氛沸腾；拎出第四只时，观众转为吃惊：还有呐？！当拎出第 n 只时，观众忍不住了：怎么这么多啊？！

是啊！科学家也忍不住了：怎么这么多“基本粒子”啊？它们都很小，都貌似是组成物质世界的基石。可到底哪个是啊？

到了 20 世纪 60 年代，科学家已经发现了数百种微观粒子，难道这些粒子都是构成宇宙的基石吗？显然，这是不可能的！

于是科学家开始对这些粒子进行分类研究，希望找到其中的玄机。

有“五个大脑”的人

想要破解基本粒子的科学家不在少数，有一位的做法，有点儿与众不同，他并不往实验室跑。

要知道，这些粒子，用眼睛看不到，用手摸不着，它们诞生在大型加速器里。在实验室之外，想和这些粒子浪漫邂逅，机会等于0，除非飞到宇宙空间去。人家守在加速器边上，还搞不清粒子的“庐山真面目”呢，这个人坐在办公室里是要“闹哪样”？

别担心！人家说这个人有“五个大脑”。1977年诺贝尔物理学奖得主菲利普·沃伦·安德森这样评价他：“现存的在广泛领域里，拥有最深刻学问的人。”在1979年诺贝尔物理学奖得主斯蒂文·温伯格的眼里，“从考古到仙人掌，再到非洲约鲁巴人的传说，再到发酵学，他懂得都比你多”。美国科学家、遗传算法之父约翰·霍兰德对他的评价简单却掷地有声：真正的天才！

默里·盖尔曼

这个人就是默里·盖尔曼，美国物理学家，1929 年出生于纽约。大学毕业后，盖尔曼就致力研究基本粒子，一直是粒子物理学领域的开路先锋，以至于其他同行都很紧张，老怕自己被这个长了“五个大脑”的人落得太远。和其他的基本粒子学家不同，他不去实验室做实验，而是根据别人的实验结果，给基本粒子分类，他想找到粒子背后的规律。

夸克，夸克，夸克

1964 年，盖尔曼提出了夸克模型。盖尔曼认为质子之类的粒子并不是基本粒子，它们是由更基本的夸克组成的。

夸克？这个东西从头到脚都透着一股子“嘎”劲儿（形容聪明、俏皮）。单看名字就怪怪的，这个我们待会儿再说。

先说它的带电量。其他东西的带电量，都规规矩矩，无论大小，一定都是电子所带电量的整数倍。也就是说，电子的带电量 e 仿佛是一个“单位”，科学家把电子的带电量叫作电子电荷。其他东西带电都是整数电子电荷，就这个夸克与众不同，它带分数电子电荷。夸克的带电量不是电子电荷 e 的整数倍，而是 $e/3$ 的整数倍。慢着！这个整数还不是随便哪个都行，只能取 1、2 或 –1、–2。

夸克有 6 种，分别是上夸克、下夸克、奇异夸克、粲夸克、底夸克、顶夸克。6 种就 6 种吧，可长了“五个大脑”的人偏偏不好好说话，他不说 6“种”，非要说 6“味”。盖尔曼有非凡的语言天赋，会多国语言，

包括西方人眼中天书一般的中文。盖尔曼不仅是中国文化的爱好者，还爱吃中餐，每逢光顾中餐馆，他老人家必用中文点菜，爽爽地秀一把他的中文。大概是有感于中餐的味道丰富，所以在自己的夸克模型中，盖尔曼用“味”来区分夸克。不太凑巧，中餐讲究酸、甜、苦、辣、咸五味，而夸克却有 6 种，否则，没准他真的会给夸克命名为酸夸克、甜夸克……了。

名字仅仅是一个符号，你愿意管它们叫作张三夸克、李四夸克也没关系。比如粲夸克，英文名字叫 charm quark，字面意思是有魅力的夸克。并不是物理学家用什么高科技手段，看见这个夸克长得有什么风韵，天知道它是不是个丑八怪。

好了，别拿人家开玩笑了！其实，夸克是一些被判“终身监禁”的小可怜儿。夸克永远是两两成对，或者三三成群，没有自由夸克。也就是说，夸克就像连体儿一样，永远不会有独来独往的情形，所有的夸克都只能存在于质子、中子等粒子内部，根本别想出门儿溜达。物理学家管这叫夸克禁闭。虽然我们知道质子和中子是由夸克组成的，可无法把它们拆成单独的夸克。也就是说，物质的拆分到质子、中子，就此打住，不能再拆了。

夸克一共有 6“味”。根据它们的性质，又可细分为 36 种。这 36 种夸克就是我们宇宙的基石，是最基本的粒子。质子、中子、J 粒子……很多微观粒子都是由夸克组成的。

为什么叫“夸克”啊？——都怪那个长“五个大脑”的人，看的书实在太多！有一本挺烧脑的怪诞诗集，叫《芬尼根彻夜祭》，里面有这一样一段：

“夸克，夸克，夸克……

三五海鸟把脖子伸直，

一起冲着绅士马克，

除了三声‘夸克’，

马克一无所得；

除了冀求的目标，

全部都归马克。”

别问我说这诗说的是什么，我也不懂！就知道咱们看不懂，为了凸显这种粒子的神秘莫测，盖尔曼给它们取了“夸克”（quark）这个名字。唉，这个长“五个大脑”的人啊！

很颠覆是吗？本书的下一篇里，看了杨振宁、李政道，你就知道科学家并不都是白发苍苍；看了盖尔曼，你就知道科学家并不都是板着面孔、一本正经，他们有的很幽默，有的就是个大顽童。这位爱吃中餐、爱搞笑的盖尔曼就是这样。他拿诺贝尔奖早就是众望所归。从 1962 年开始，每到 10 月，物理学界就有人会念叨，今年该轮到盖尔曼了吧。到了 1969 年，他终于中奖了！理由是对微观粒子的分类和提出夸克理论。

规范场论

现在我们知道，组成宇宙的最基本的粒子一共有62种，包括36种夸克、12种轻子以及14种传播子。哦，多是多了点儿，可想想这么大的宇宙嘛，多一点儿也是应该的。找到了就好。然而，物理学家还不肯罢休，他们还不满意。

我们在操场上追跑打闹，有的人你推他一下，能推出老远；有的人你撞他一下，你摔一跟头……物理学家要弄清楚力与力的关系、力与速度的关系，想呀想呀，算呀算呀，于是有了力学。我们拿小镜子在阳光下晃人眼，物理学家要搞明白光是怎么来的，光为什么会反射……想呀想呀，算呀算呀，于是有了光学。物理学家的职责就是探究事物背后的道理。现在知道了组成宇宙的最基本的粒子有62种，这么大的事儿，他们一定不会放过！——为什么会这样呢？想呀想呀，算呀算呀……

一个叫作规范场论的理论诞生了，它可以描述这些粒子及其之间的相互作用。

规范场论十分成功，它可以解释已知的所有物理现象，而且还预言了许多未被发现的物理现象，这些物理现象最终被一一发现。简直太棒了！但它却有一个致命的缺陷，那就是在它的理论框架下，所有的粒子都不能有质量。这不是开玩笑吗？

我们知道，每一样东西都有它的质量，我们通常说鸡蛋 10 元每公斤，这里的“公斤”就是质量单位，用比较规范的叫法，称为千克。一个成年人的质量，大约为 70 千克；1 瓶大可乐的质量，约为 2 千克；一个馒头的质量，差不多 0.1 千克……

质量无处不在，所有的物体，包括微观粒子，都应该有质量。而质量从何而来，规范场论傻眼了。

上帝粒子

为了给粒子不能有质量找个说法，拯救规范场论，英国物理学家彼得·希格斯在 1964 年提出存在一种未知的粒子。

在宇宙诞生伊始，并没有这种粒子，其他基本粒子以光速横冲直撞。

宇宙诞生十几秒后，这种粒子横空出世。

除了光子，其他的基本粒子与这种粒子发生碰撞后，宛如轻巧的棉花吸饱了水分，就此获得质量，速度也慢下来。

慢下来的基本粒子在强相互作用下，抱团组成了质子、中子等粒子。质子和中子又组成了原子核。原子核与电子在电磁力作用下，形成了原子，原子构成分子。

搞定！这就是我们所看到的美妙世界！

太魔性了吧？逗我们玩吧？为什么会有这种粒子啊？——没什么道理。

如果你们不喜欢它，不要紧！既然是希格斯提出的，那就叫希格斯

粒子吧。因为希格斯粒子并不能被规范场论描述，在这么多实验中，也没有人见到过它的踪迹，所以很多物理学家都不相信希格斯开的这个脑洞。算了！你别闹了！解释质量从哪里来的这件事，我们还是另想办法吧。

1993 年，诺贝尔奖获得者、实验粒子物理学家利昂 · 莱德曼在他的一本新书里介绍了希格斯粒子，为了更接地气，他把这个粒子称为“被上帝诅咒的粒子”。谁知出版商径自改成了“上帝粒子”。这下，这名字火了。

就像宇宙大爆炸理论，尽管有的人笑到捶地，还是有人煞有介事地去找它的证据。希格斯粒子也是，尽管有人不相信，可还是有人摆开架势去找它。

要找希格斯粒子，阵势可真不小！大约来自 80 个国家的 7000 名科学家和工程师一起，在日内瓦附近的侏罗山，建了世界上最大、能量最高的粒子加速器——大型强子对撞机（简称 LHC）。LHC 深埋于地下 100 米处，它的环形隧道就有 27 千米长，横跨瑞士和法国两国。干吗要搞这么大呀？——因为这样才能提供巨大的能量。

2008 年 LHC 建成并投入运行。2012 年 7 月 4 日，参与 LHC 项目的科学家表示，发现了一个新的粒子，很有可能就是希格斯粒子。2013 年 3 月 14 日，欧洲核子中心正式宣布，先前发现的新粒子被确定为希格斯粒子。这距离希格斯提出上帝粒子的猜想，已经过去了 49 年。

毫无争议，希格斯获得了 2013 年诺贝尔物理学奖。希格斯和盖尔曼同岁，都生于 1929 年，他们的主要贡献也都是 1964 年发表的。然而，希格斯的诺贝尔奖却比盖尔曼迟来了 44 年！有人说了一句玩笑话：想要

彼得·希格斯

拿到诺贝尔奖，第一要有贡献，第二要活得够长。

然而，再长能有多长呢？即便人生百年，相对于宇宙，也是渺小而短暂的。也许你会想问，费这么大劲去找这个“被上帝诅咒的粒子”有什么用？——没什么用！对生活的影响还没有下载个手机APP来得直接。可你想过没有：几万亿个原子，以特殊的方式聚集到了一起，成为一个个“你”“我”“他”。在我们的生命中，以人类的方式去认识一下这个世界，古人有自己的理解，他们用他们的感性思考和浪漫想象，给我们留下了故宫这样的美景，到现在仍然可以欣赏。那我们呢？我们的“成绩单”不该是空着的吧？思考一下“质量从哪里来”这样乍看很简单、实际挺深奥的问题，哪怕是“被上帝诅咒的粒子”这样的解释也被人给想出来，还给找出来了！

我们这样算不算诗意地栖居于地球呢？

延伸阅读

❶ 默里·盖尔曼（1929— ），美国物理学家，因对基本粒子的分类和提出夸克理论而获得 1969 年诺贝尔物理学奖。

❷ 彼得·希格斯（1929— ），英国物理学家，因预测希格斯粒子而获得 2013 年诺贝尔物理学奖。

◆加速器，顾名思义就是给微观粒子加速用的，然后让这些高速运动的粒子互相碰撞。科学家研究粒子的方法就是让它们互相碰撞，通过分析碰撞产生的新粒子来认识互撞的粒子。粒子的速度越高，碰撞的效果越好，能“撞”出来的新东西越多。

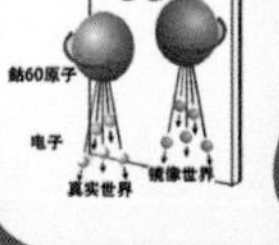

第5章

宇称不守恒：第一个华人诺贝尔奖

杨振宁、李政道的获奖原因是发现弱相互作用下，宇称可以不守恒。在微观粒子的世界里，左和右可以不对称。杨、李提出的观点太惊世骇俗了！以至于 1952 年诺贝尔物理学奖得主布洛赫说，如果真的是这样，他就把自己的帽子吃掉！

宇称是什么意思？守恒又代表什么？是怎样的“未解之谜”促使杨振宁和李政道想到宇称可能不守恒？

说到“对称”，你一定不陌生——不就是左边和右边一样吗？生活中对称的东西太多了，多得说不完。为什么会有这么多对称的东西呢？

不知你有没有仔细观察过？对称的东西给人感觉规整、和谐、稳重。

在自然界里，对称无处不在。我们的人体就是对称的，有左眼和右眼、左手和右手、左腿和右腿；鲜花的花瓣均匀地分布，这也是对称。人类创造出来的各种东西，也喜欢让它是对称的。无论是东方还是西方，各种花纹中，对称非常常见。建筑上的对称就更多了，左边盖成什么样，右边也盖成什么样……人类一直在追求对称，认为对称的东西是最美的。对称代表了平衡和和谐。

你不知道的对称

对称有很多种，比如我们有左手和右手，两只手可以重叠在一起，这称为左右对称；当我们照镜子的时候，镜子中的像和我们自己一模一样，这叫镜像对称；一朵有 4 个花瓣的花，把它旋转 90 度以后，和它旋转前的样子相同，这称为旋转对称。

在科学中，也存在很多的对称性。

假设我们在实验室做一个科学实验，实验室的墙上装一面大镜子，那么在镜子里，会出现科学实验的像。无论我们去观察在实验室中进行的科学实验，还是去观察镜子里的像，都会看到一样的实验结果和规律。这不难理解，可问题是，难道这也算是对称吗？——是的，用科学家的话说，“任何科学规律都满足镜像对称”。

好吧，在科学家眼里，科学上的对称，还远不止这些。假设我们今天在实验室做了一个实验，明天再在实验室重复这个实验。只要实验条件不变，那么实验结果也不会变。科学家管这叫作“任何科学规律都满足时间对称”。

假设我们在101房间做了一个实验，然后在102房间重复这个实验。只要实验条件不变，那么实验结果也不会变。嚯嚯，可能你也猜到了，这回叫作“任何科学规律都满足位置对称”，不错！用更专业一点儿的话说，就是“任何科学规律都满足平移对称”。也就是说，你把一个科学规律平移到其他地方，还是这么回事。欧洲人发现水遇冷凝结成冰，不可能到了中国就变成水受热凝结成冰。

对称与守恒

哎哟，科学家怎么这么喜欢对称啊？

因为在物理学里，对称性和守恒性是联系在一起的。科学家就是喜欢在纷繁多变的大千世界找规律——开普勒发现所有行星的运行轨道都是椭圆形的，焦耳发现电流流过电器时会发热。科学家还热衷于找相同——牛顿发现使苹果落地的力和让月亮绕着地球转的力是同一种力，富兰克林发现天上的电和地上的电是一样的。找不变也是科学家感兴趣的事——冰变成水的过程中，它的温度和质量都不会变化……每次找到了，他们就很兴奋。科学家把对称性称为守恒律。

一直以来，物理学家认为，所有的物理规律都应该遵守对称性。事实也确实如此，所有不遵守对称性或守恒律的物理规律，最终都被证明是错误的。

然而，有两个人，一个叫杨振宁，另一个叫李政道，他们却认为，

事情未必总是这样，有些物理规律不满足镜像对称。有句歇后语："猪八戒照镜子——里外不是人。"难道有些科学规律要是照镜子，就不是原来的那个规律了？会这样吗？

杨振宁

神童博士

今天，杨振宁和李政道可以说无人不知无人不晓。你大概也在网上、电视上或者报刊书籍中见过他们的影像或照片，满头华发、风度翩翩，受人尊敬的老科学家，令人满心景仰！

不！我要向你介绍的杨振宁和李政道，是他们风华正茂，非常年轻的时候！

杨振宁出生于安徽合肥，从小就接受了良好的教育，先后在中国西南联大物理系和美国芝加哥大学就读。杨振宁在普林斯顿高等研究院工

李政道

作期间，大名鼎鼎的爱因斯坦也在那里。每当爱因斯坦和自己的学生讨论科学问题时，常微笑着说："让那个姓杨的小博士也来动动脑筋，他的想法有时比你我还清楚。"那时候，他还不到30岁。杨振宁的数学才能非常优异，研究问题的眼光深远而独到。他获得诺贝尔物理学奖时，才34岁！这次获奖让他举世闻名，使全球华人都备感荣耀。其实杨振宁作为20世纪杰出的物理学家，贡献远不止这一个。他在1954年和米尔斯合作，提出的杨－米尔斯场理论也是分量十足的一项成就，足够拿一个诺贝尔奖，那时他年仅32岁。

李政道比杨振宁还要年轻4岁。李政道还没在西南联大毕业，就获得了国家奖学金去美国留学。芝加哥大学的考试素以严格著称，令人惊讶的是，李政道以大学二年级的文化程度，竟然通过了芝加哥大学的研究生考试，径直进了研究生院！仅仅 3 年的学习时间，他就因为“特殊的见解和成就”顺利拿到博士学位，被誉为“神童博士”，那时他才 23 岁。1957 年，他获得诺贝尔物理学奖时，只有 31 岁，在历史上年轻的诺贝尔物理学奖得主中，他排名第二。前往斯德哥尔摩领奖的时候，当他英姿勃发地走下飞机舷梯，在场的外国记者还以为他是李博士的儿子……

而就在获奖的前一年，当他们联合发表了论文，提出自己的观点时，引发了好几位著名物理学“大佬”的强烈批评，不是因为他们太年轻，而是因为他们的观点实在令人惊骇，以至于 1952 年诺贝尔物理学奖得主布洛赫说，如果真的是这样，他就把自己的帽子吃掉！

这正是 1956 年的 6 月。让我们来看一看，这是一个什么样的时代。

τ－θ 之谜

20 世纪上半叶，是物理学大发展的时代。相对论、量子物理学等都在这个时期取得突飞猛进。在物理学里，有一个分支叫粒子物理学，研究构成宇宙的最基本的粒子。粒子物理学就起源于这个时期。

在粒子物理学大踏步前进的时期，科学家通过实验，发现了很多微观粒子。这些微观粒子各有不同的性质，有的刚出现就很快衰变，有的却可以无限地存在下去，有的速度极快，能达到光速……通过研究这些粒子，仿佛穿越时空隧道一般，我们有机会认识到了宇宙最初的状态。

20 世纪 40 年代，科学家先后发现了两种微观粒子：θ 介子和 τ 介子。有意思的是，这两种粒子的自旋、质量、寿命、电荷……所有的物理参数都完全相同，给人感觉，它们就是同一种粒子。可这两种粒子的衰变产物不同，θ 介子衰变后，可以产生 2 个 π 介子；而 τ 介子衰变后，

却可以产生 3 个 π 介子。这又鲜明地昭示了，这“哥儿俩”你是你，我是我，不是一回事。

到底是同一种粒子，还是两种不同的粒子？科学家不能容忍这样模棱两可的认知。那它们会不会本就是两种完全不同的粒子，只不过具有同样的物理参数？就像两个没有任何关系的人，偏偏就高矮胖瘦、眉眼口鼻都长得一模一样，这在人中间叫“撞脸”，会不会这 θ 介子和 τ 介子也“撞参数”了呢？自然界真的会有这样的巧合吗？这就是在粒子物理学界名噪一时的 τ－θ 之谜。

上帝是个左撇子？

1956年，杨振宁和李政道提出，θ 介子和 τ 介子实际上是一种粒子，之前给人造成的种种迷惑，都是因为这种粒子可以有两种衰变方式，一种产生2个 π 介子，另一种产生3个 π 介子。

说“耳目一新”都嫌轻了，用今天的话说，他们的这个观点绝对“刷新三观”，顿时引起巨大反响。绝大多数人不是点赞，而是批评，他们不能接受这个观点，因为这将导致宇称不守恒。

别被“宇称”这个听上去高深莫测的名字吓着，宇称其实并不难懂。李政道教授在一次演讲中说：“在物理学中，宇称守恒意味着左跟右是对称的。”说白了，宇称守恒就是左右对称，好理解了吧？

如果一个东西，它的左边和右边是对称的，那么你在镜子里看到的它的像，必然和镜子外的这个东西本身是一模一样的，也就是说这个东西是镜像对称的。

简单地说，一个物理规律如果满足镜像对称，那么在这个物理规律中，宇称是守恒的。如果 θ 介子和 τ 介子是一种粒子，就意味着，这种粒子在衰变过程中不满足镜像对称性。镜子里看到的，和镜子外头不一样。

此前，在我们认识的所有宏观的物理规律中，不管是力学，还是电磁学中的粒子，都无一例外地满足镜像对称，也就是左边和右边是一样的，现在两个年轻的华人学者突然说，微观粒子可以左右不一样，这不炸开锅了才怪！物理学界的一条著名“毒舌”——1945 年诺贝尔物理学奖得主泡利，一向以口无遮拦、批评犀利著称，听说了李、杨的观点，反应特别强烈：别逗了！我才不信上帝会是个左撇子！

教科书被改写了

我们已经说过，所有不满足对称性的物理规律，最终都会被证明是错误的。那么为什么杨振宁和李政道如此胆大，竟敢提出一个不满足对称性的观点呢？他们两人敢“冒天下之大不韪”，是有充分依据的。

原来他们两位仔细研究了前人的工作，查阅了大量文献，发现在微观粒子这一领域，没有人和实验能够证明所有的物理规律都满足镜像对称。之所以人们认为所有的物理规律都该满足镜像对称，仅仅是人们的习惯思维而已，或者说是想当然。

打个比方说，要证明“不”，很容易，只要找出一个“不”就行。例如你要想证明不是所有鸟都会飞，那么只要找出一种不会飞的鸟，就大功告成。而要证明“都”就很难。如果谁要证明所有鱼都会游泳，就需要江河湖海四大洋一处不落地，一种一种，一条一条……找出世界上所有的鱼，证明每一种都会游泳，少一种都不行。

认为微观粒子世界里所有物理规律都满足镜像守恒这件事，仅仅人们觉得“肯定是啦”“当然了”“就是这么回事呗”……哪来的“当然”呀？——想当然。只不过是人们觉得应该是这样的，便不加怀疑地相信就是这样了，并没有实验证明。

杨振宁和李政道没有这样的思维定式，他们说：可以不是镜像对称的，宇称可以不守恒，左边右边不一样。

那好，你们说“不”，就得找出真凭实据来，给大家看看，一个就行。

杨振宁和李政道都是理论物理学家，实验不是他们所擅长的。可凑巧的是，李政道的同事中，有一位是精通这类实验的实验物理学家，还是一位优雅的女士，更巧的是，她也来自中国，叫吴健雄，被人称作“东方的居里夫人”。1957 年 1 月，吴健雄教授设计了一个巧妙的实验，验证了杨振宁和李政道的想法，证明在微观粒子领域，在某些情况下，确实宇称不守恒。

实验结果被公布的第二天，《纽约时报》头版头条的大标题赫然写着：物理学的基本规律被改写！

在这之后，又有一些不遵守对称性的情况在微观粒子领域被陆续发现。不仅是改写了基本规律，这些发现还改变了我们对宇宙的认知。

杨振宁和李政道因此获得了 1957 年诺贝尔物理学奖。从论文发表到获得诺贝尔奖，连一年的时间都不到，这在诺贝尔奖的历史上非常罕见！

我想，比起诺贝尔奖的桂冠，你现在可能更想知道的是“帽子”，不是还有个物理学家，还是诺贝尔奖得主说过，要真的有宇称不守恒，他就把自己的帽子吃下去吗？

吃了吗？吃了吗？

这个人就是布洛赫，听说吴健雄的实验结果后，这位堂堂欧洲核子研究中心（CERN）第一任主任竟然老脸一抹，干脆耍赖，说自己压根儿就没有帽子……

延伸阅读

❶ 杨振宁（1922— ），中国科学院院士，物理学家，因发现弱相互作用中的宇称不守恒现象而获得 1957 年诺贝尔物理学奖。

❷ 李政道（1926— ），美籍华人物理学家，因发现弱相互作用中的宇称不守恒现象而获得 1957 年诺贝尔物理学奖。

◆沃尔夫冈·泡利，美籍奥地利科学家，因为发现泡利不相容原理，而获得 1945 年诺贝尔物理学奖。泡利是出了名的嘴不饶人，人称“上帝的鞭子”。这个人非常聪明，个性鲜明，看问题也深刻犀利。他死后，很多物理学家遇到费解的问题，都会情不自禁地说：“不知道要是泡利还活着会怎么看。”

18 $3S^2$ $3P^6$
Ar
Argon
40

第6章

惰性气体元素：一群懒惰的元素

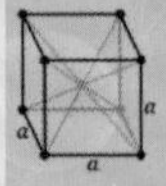

假想一个场景：四个发现过新的化学元素的人穿越到一起打牌。他们出的牌，正是自己的发现。

法国人莫瓦桑：“我出‘氟’！”英国人卡文迪许：“我出‘氢’！”法国波兰裔居里夫人：“出单牌太没劲！我出‘镭’和‘钋’。”“出对儿也没什么了不起！我出五张，同花顺！”

有人出了一串“同花顺”，5 张牌！这个人是谁？他发现的到底是什么？这些人里，又有谁得到诺贝尔奖了？

发现新的化学元素，是非常了不起的贡献。然而在诺贝尔奖的历史上，因为发现新的化学元素而获奖的人却寥寥无几。一个很重要的原因——就好比诸葛亮再聪明也不会上网——早期发现新元素的人，他们的时代里还没有诺贝尔奖。

诺贝尔奖设立后，因为发现新的化学元素而获奖的人也不多。这其中最著名的要数居里夫人，她因为发现放射性元素镭和钋而获得1911年的诺贝尔化学奖。美国化学家麦克米伦和西博格获得1951年诺贝尔化学奖的原因是，在实验室中制出比铀更重的元素，从而开启了人工制备化学元素的大门。

1906年，诺贝尔委员会因氟元素的发现，把当年的化学奖颁给了法国的化学家亨利·莫瓦桑。

同样是为化学元素周期表添砖加瓦，英国化学家威廉·拉姆齐手中的诺贝尔奖，可以说是分量十足！如果说别人的发现仅仅是出“单牌”的话，那么拉姆齐的发现就是一串霸气的“同花顺”，他几乎让元素周期表生生“长出”一列。

拉姆齐发现的化学元素有一个共同的特点：懒。

化学元素

我们生活的宇宙由原子组成，原子又由原子核和电子组成，原子核由质子和中子组成。化学家发现，原子核中的质子数相同的那些原子，具有相同的化学性质。于是，在化学家们眼里，一种给原子分类最顺理成章的方法，就是数原子核中的质子数。质子数相同的原子算是一类，被化学家称为一种化学元素，简称元素。

化学家最关心的就是这些元素的化学性质。在化学家的眼里，化学性质就好比人的性格脾气。有些人性格外向，爱说爱笑，特别愿意和人打交道。有些人性格内向，少言寡语，哪里人少专门往哪里去，就怕见人，喜欢独处。

我们呼吸的氧气的化学性质就是“外向型”的。木头、纸、棉花、蜡烛这类东西，只要一点儿火花，热情的氧气就带着它们“燃烧吧、燃烧吧，一起摇摆”。

遇到同样活泼的氢气，秒变暴脾气，会爆炸！

铁、铜、银这样的金属和氧气在一起，表面上安安静静。殊不知暗地里，氧气会偷偷“作案”，悄没声儿地把金属变成自己的氧化物，也就是让它们生锈。

氧就像化学世界里不安分的淘气包，见到人就“敬个礼，握握手，你是我的好朋友”。用化学家的话说，氧的化学性质很活泼。

而化学元素中有一类元素，和氧有截然相反的化学性质，它们永恒的态度就是，今天不想理你，明天也不想理你，永远都不想理你！

惰性气体元素

这些“不爱理人”的元素包括氦、氖、氩、氪、氙、氡，共有 6 种。

惰性气体元素是对这类元素的总称。“惰性”指的是它们的化学性质超级不活泼，很懒！

有多懒呢？——它们很难与其他元素发生化学反应，自己不会燃烧，也不会帮助其他物质燃烧，不溶于水。

对这 6 种懒洋洋的元素来说，孤零零地一个人待着是最好的，它们甚至不愿意与同类原子结合成分子。如此“摆谱”的元素，真是少见！又因为在常温状态下，这6种元素都是气体，所以化学家称它们为惰性气体元素。在元素周期表上，惰性气体元素占据了整整一列。

第一个被发现的惰性气体元素是氦。1868年，法国天文学家詹森和英国天文学家洛克耶在观察太阳的时候，意外地发现了这个元素。人们把它命名为helium，在希腊语中，这个词的意思是“太阳”。

消息一出，世界为之轰动，因为这是人类第一次在地球以外发现新的元素。为了纪念这两个人，人们还因此铸造了一块金牌，正面雕刻着驾着战车的太阳神阿波罗，背面雕刻着詹森和洛克耶的头像，下面记载着氦的发现过程。

在19世纪的人看来，氦是太阳上才有的元素，地球上没这东西。而英国化学家威廉·拉姆齐却不这么看。他在自己的实验室里制备出了纯净的氦气，并告诉人们这东西没那么神秘，不是什么下凡的神仙，氦其实是无处不在的。现在人们知道，氦是宇宙中数量第二多的元素，而在地球表面，氦少得可怜，大气中氦的含量只有0.052%。这是因为氦太轻了，地球的引力无法把更多的氦吸引到地球的表面。

威廉·拉姆齐

他发现了一列元素

拉姆齐从小喜欢大自然，爱读书也爱收藏书，学习非常刻苦。他 14 岁时，被格拉斯哥学院破格录取为大学生，主修化学。大学毕业后，他前往德国深造，拜著名化学家罗伯特·威廉·本生为师。

1882 年，英国物理学家瑞利在测定氮气的密度时，发现一个非常奇怪的现象：就是从空气中提取的氮气的密度，比他在实验室中用氨气制造的氮气的密度要低一些。经过反复实验，瑞利确定这不是实验误差导致，一定是有什么自己还不清楚的原因。于是他把自己的实验写成一篇文章并发表，希望有人能帮自己找到原因。

拉姆齐看到了这篇文章，重复了瑞利的实验，也得到了相同的结果。不过他有了新发现，在氮气中找到了一种新的元素——氩。当时，氦还没有在实验室中被制造出来，氩是人类在地球上发现的第一种惰性气体元素。

拉姆齐随后致力从空气中分离惰性气体，先后制备出了纯净的氖、氪、氙等气体。

随后他又发现了钍射气、镭射气、锕射气等一些放射性气体。拉姆齐虽然没有在实验室中研究过这些气体，可是他却敏锐地指出，这几种气体其实都是一样的，是同一种气体，而且还是一种惰性气体。他把这种惰性气体命名为氡。

这个氡可是一个不声不响的狠角色！在这套书中提到过，氡是日常中能接触到的、对我们的身体危害最大的放射性物质。在通常情况下，人体所受的辐射的一半来自氡，氡辐射被认为是除吸烟外诱发肺癌的最大因素。

实验最终证明了拉姆齐的预言，氡确实是惰性气体中的一员。至此，所有的惰性气体都被发现，而且可以说是拉姆齐一个人发现的，他是名副其实的“惰性气体之父”。拉姆齐的伟大，在于他为元素周期表添上了原来不存在的一列——惰性元素！拉姆齐因此获得 1904 年诺贝尔化学奖。

懒惰的气体

惰性气体元素都很懒，然而化学家却是一群精力充沛的勤快人。越是有难度的事，他们做起来越来劲儿。惰性气体元素不是不和其他物质发生化学反应吗？化学家就千方百计地帮它们“交朋友”。

莫瓦桑就是最早进行这种尝试的人。他为这群懒惰的元素，找到了一个看上去相当不错的“交友对象”，那就是他自己发现的氟元素。氟是最容易发生化学反应的元素之一，比“淘气包”氧的化学性质还要活泼。莫瓦桑希望氟的活泼可以带动一下懒鬼。他在 1895 年尝试进行氟与氩之间的化学反应，可惜惰性难移的氩还是不为所动，莫瓦桑失败了。

在莫瓦桑之后，还有很多化学家试图用惰性气体来进行化学实验，但都遭遇失败。直到 1962 年，英国人费了九牛二虎之力总算让“懒人家族”中的老五——氙，交上了朋友，得到了氙的化合物。这以后，化学家又

陆续合成了一些含有惰性气体元素的化合物。

看来“懒人”也不是一懒到底，在很特殊的条件下，它们也能发生化学反应。厚道的化学家觉得再叫人家“惰性元素”有点儿说不过去，于是它们有了另一个称呼：稀有气体。因为它们的确非常稀少。

不过说它们是化学界的“懒人”并不冤枉，比起那些遇水就炸、点火就着的化学元素，它们就是懒！即使在现在，想要让它们发生化学反应，仍然是非常困难的一件事。

霓虹灯：惰性气体的梦幻之舞

发现元素世界中5位极品“懒人”，是拉姆齐对化学界的贡献。而对于普通人来说，他最大的贡献是给“懒人”找了份美丽的工作。

当你看到夜幕下闪烁的霓虹灯时，有没有想过，这美丽的色彩是从哪里来的？

霓虹灯的英文名是neon lamp，意思就是“氖灯”。氖，“懒人家族”中的老二，真的就是那个懒散的家伙吗？

1898年，拉姆齐设计了一个实验，研究惰性气体的导电性质。他把氖气充入玻璃管，并且在玻璃管的两端通电。一个意外的现象发生了：氖气不但能够导电，而且还能发出非常美丽的红光。这种神奇的红光使拉姆齐和他的助手惊喜不已，他把这种灯命名为“氖灯”。随后，拉姆齐发现，不同的惰性气体在导电时会发出不同颜色的光：比如氦气会发出金黄色的光；氩和氦混合，会发出蓝色或紫色的光……于是，五颜六色的霓虹灯就这样在化学实验室中诞生了。

以后每次你看到缤纷动感、装点夜色的霓虹灯时，千万不要忘记那个让化学元素周期表“长出”一列的人。

延伸阅读

❶ 威廉·拉姆齐（1852—1916），英国化学家，因发现惰性气体元素而获得1904年诺贝尔化学奖。

❷ 玛丽亚·斯克沃多夫斯卡·居里（1867—1934），波兰裔法国物理学家、化学家，因发现天然放射性现象而获得1903年诺贝尔物理学奖；因发现了钋和镭而获得1911年诺贝尔化学奖，是第一个两次获得诺贝尔奖的科学家。

❸ 亨利·莫瓦桑（1852—1907），法国化学家，因成功分离元素氟并制造出莫氏电炉而获得1906年诺贝尔化学奖。

❹ 埃德温·马蒂森·麦克米伦（1907—1991），美国化学家，因发现第一个超铀元素而获得1951年诺贝尔化学奖。

❺ 格伦·西奥多·西博格（1912—1999），美国化学家，因发现第一个超铀元素而获得1951年诺贝尔化学奖。

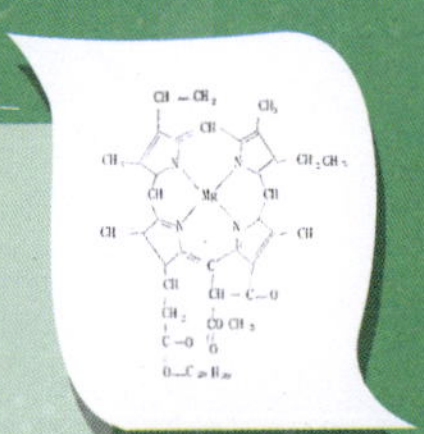

第7章

叶绿素：揭开植物成长的秘密

从一棵小苗长成参天大树，谁给植物提供营养？如果把一株植物比喻成“大工厂”，谁是它的供货商？

在植物“大工厂”中，有一位“神秘人物”，掌控着光合作用的生产进程，它就是叶绿素。

叶绿素是植物“大工厂”的“产品”吗？

它在植物“大工厂”里，到底起什么作用？有哪些科学家因为叶绿素的研究，获得了诺贝尔奖？他们又做了什么了不起的贡献？

让我们先把目光投入广阔的宇宙。

像银河系这样的星系，至少有1000亿个。银河系里像太阳这样的恒星，大概有几千亿个。而每一个恒星系又都有不止一颗的行星。

我们的地球就是太阳系的一颗行星。它尽管渺小不起眼，但却是如此独特！它是目前唯一一个已知有生命繁衍的星球，看看我们这个“社区”的“邻居”吧。金星热得要命，地面温度常年400多摄氏度，就算是铁人去了也化成水儿了；天王星、海王星冷得要死，表面温度一般都在-200摄氏度以下；水星就更疯狂了，一半狂热，一半暴冷，可谓水深火热，根本不是人能待的地方……而且“木土天海”这四颗星是气态巨行星，说白了就是一大团气体，到了那里，站都没地方站，更别说生活了。

只有我们的地球能孕育生命，为什么呢？

生命生存需要很多条件，除了适宜的环境，还有一点至关重要：所有的生命都需要消耗能量，也就是要吃。有的动物吃肉，有的吃草，归根到底，食物的来源都是植物。地球上植被繁茂，有树有草；树结果，草开花，春夏有叶子可吃，秋冬有草籽可啄。植物为动物提供了多种多样的食物，那植物自己呢？

花花草草都吃啥？

这个问题不是现在才提出来的，2000 多年前就有人纳闷儿：从小小的一粒种子，长成参天大树，这营养是从哪里来的？我们都知道，从一个小婴儿长成大人，可是一天三顿嘴不停。那植物呢？它们可没长嘴。

莫非植物的根就是它们的“嘴”？根从土壤里吸取了营养，供给植物生长。古希腊著名的哲学家亚里士多德曾说：“植物生长所需的物质全部来源于土壤。”

貌似有理！这个观点在欧洲延续了上千年。直到 17 世纪，有人开始怀疑它了。

比利时的科学家海尔蒙特就是其中一位，他在 1648 年开始做一个耗时 5 年的实验：先在一个木桶里装上土，并且仔细称量了木桶和土壤的质量。然后在木桶里种了一棵重 2.5 千克的柳树苗。此后，他每天都给树苗浇水，但并不松土施肥。为了防止灰尘落入，他还专门制作了桶盖，

把木桶盖得严严实实的。5 年后，柳树已经长到了 80 多千克，而土壤的质量却只减少了 0.1 千克。

如果把植物比作一家超级“大工厂”，那么海尔蒙特的实验令人信服地证明了，土壤这个“供货商”的贡献实在有限，独家“供货”是不可能的。那赶紧再看看，还有谁给植物“供货”？

水！不是每天都浇水的嘛。

卖菜的常说："看这菜多水灵！一掐一汪水儿！"植物里有水分，水是"供货商"，应该没问题。不过随着化学知识的不断发展，人们认识到，水里也只有氢原子和氧原子，这个"供货商"能拿出来的"货"太简单、太初级！而植物家族"大工厂"的产品可是各种各样——形形色色的根、茎、叶，千变万化的花、果实、种子。这必定需要充沛的物质供应和足够的能量。水想做主力"供货商"，显然力不从心。再找！还有谁在"供货"？

大约经过150年的探索，人们又找到了一个"供货商"——空气中的二氧化碳（CO_2）。

又过了大约100年，人们终于认识到了植物"进餐"的独特方式。

喂！好吃吗？

就着阳光喝点儿汤

前面，我们寻寻觅觅，只在植物近旁寻找谁在“供货”，而一直忽略了一个遥远却异常重要的大 boss（老板）——太阳，它以光照的方式源源不断地输送能量给植物。

植物“吃”的方式挺另类，不清炖，不红烧，就着阳光喝点儿汤。以阳光、水和二氧化碳为原料，在植物家族“大工厂”里，经历一系列复杂的化学反应，最终的产品是氧气和葡萄糖。这个过程叫作光合作用。

请注意！葡萄糖可不是一种葡萄口味的水果糖，它看上去一点儿都不美味可口，和用来做西式蛋糕的糖粉长得挺像，味道也并不怎么甜。

这种其貌不扬的东西却举足轻重，在一切高级生命中扮演“能量块儿”的角色，好比电动火车里的电池，为生命提供能量。它还是新陈代谢和物质合成中不可或缺的中间产物。植物里的淀粉、纤维都是由葡萄糖聚合而成的，人体所必需的核酸、蛋白质等大分子的生成，也必须以葡萄糖为基础。

所以说，葡萄糖对于生命来说非常重要！很遗憾，动物的身体无法进行光合作用，我们无福消受阳光这道“美食”。人类和其他动物一样，只能通过吃绿色植物或藻类来获取糖分。好在不仅绿色植物掌握葡萄糖的“特许经营工艺”，有些海里的藻类也是光合作用“连锁店”。可以说，地球上一切生命所必需的葡萄糖，都是光合作用“荣誉出品”的。如果没有光合作用，地球上就不会有动植物，当然也就不可能有我们人类。

神秘的生产总监

在植物“大工厂”中，有一种至今还没有现身的“神秘人物”，掌控着光合作用的生产进程。对于光合作用总反应式，它既不是原料，也不是产物。可要是没有它，光合作用就无法进行，植物“大工厂”就要停产关门。它就是光合作用的催化剂。

实际上，这位“神秘人物”个性大大方方，并没把自己隐藏起来。我们都见过它！当它坚守岗位时，我们看到满园春色、翠意盎然，“接天莲叶无穷碧”；当它抽身离去时，层林尽染、金叶铺路，“霜叶红于二月花”——它就是叶绿素。

第7章
叶绿素：揭开植物成长的秘密

叶绿素广泛存在于各种绿色植物的叶子中，很多海藻里也有叶绿素。为什么树木、花草的叶子都是绿色的？——因为叶子里有叶绿素。这也是叶绿素名字的由来。叶绿素怕冷，到了秋天，天气渐渐转凉，叶绿素加速分解，这时的树叶便绿意不再，叶子里的叶红素或叶黄素得以抛头露面，所以我们就看到叶子有的变成了红色，有的变成了黄色。

为什么我们这个星球上有那么多的绿色？为什么高的树、矮的草，它们的叶子都是绿色的？19 世纪初，化学家已经发现了叶绿素，并且认识了它所扮演的重要角色。人们甚至知道，叶子里的叶绿素有两种，一个取名叫叶绿素 a，一个叫叶绿素 b。不过人们还不能把它的真身“请出”叶片，当然也就无法对它多做研究。

诺贝尔奖中的“绿色”

直到20世纪初，一个叫作理查德·威尔斯泰特的德国人最先提炼出了纯净的叶绿素。1910年，威尔斯泰特先后耗费了数吨树叶，终于从里面提炼出了叶绿素。不仅如此，他还发现，在大部分树叶里，叶绿素a和叶绿素b的比例都是3∶1，无论哪一种叶绿素，它的分子里都包含碳、氢、氧、氮、镁这5种元素。

汉斯·费歇尔

在动植物体内，都有大量的分子，其中的绝大部分是有机分子。这些有机分子非常复杂，叶绿素就是其中一种复杂的有机分子。大部分有机分子里都包含碳、氢、氧这3种元素，只有很少的有机分子像叶绿素一样含有镁。

威尔斯泰特因提炼出叶绿素而获得了1915年诺贝尔化学奖。

然而，对于化学家来讲，仅仅知道了一种物质的分子里含有什么元素还不够，他们还想知道这种物质的分子长什么样。威尔斯泰特把叶绿素"请出"叶片，而描绘叶绿素"尊容"的是另一位德国人汉斯·费歇尔。

汉斯·费歇尔在大学里同时学习了化学和医学两个专业，日后他的研究工作也非常有趣：一红一绿。

费歇尔先是研究血液中的血红素，不仅给出了血红素的分子结构，还成功地在实验室中合成出了血红素。费歇尔因此获得了1930年诺贝尔化学奖。

在获得诺贝尔奖之后，费歇尔开始着手研究叶绿素。经过10年不断地努力，他得到了叶绿素的分子结构、化学性质等一系列研究成果。

20世纪40年代，在汉斯·费歇尔工作的基础上，美国化学家罗伯特·伯恩斯·伍德沃德在实验室中成功地合成出了叶绿素。他因此获得了1965年诺贝尔化学奖。

关于叶绿素，还有一个很重要的人不得不提，那就是美国生物化学家梅尔文·埃利斯·卡尔文。和前面几个人不同，他为我们揭示的是发生在植物“大工厂”里的终极秘密，叶绿素到底做了什么？二氧化碳怎么就被变成了葡萄糖？

实际上，二氧化碳和水可不是“唰”的一下，就变成葡萄糖和氧气的。

梅尔文·埃利斯·卡尔文

卡尔文搞清楚了发生在叶片里的这一系列的化学反应。他把这一系列化学反应称为卡尔文循环，每一个卡尔文循环都包含多次复杂的化学反应，而每生成一个葡萄糖分子，都要经历6次卡尔文循环。这6次卡尔文循环最终的效果是

$$6H_2O + 6CO_2 \rightarrow C_6H_{12}O_6 + 6O_2$$

6个二氧化碳分子与6个水分子，经过化学反应，最终生成1个葡萄糖分子和6个氧气分子。

因为卡尔文循环实在是太过复杂，所以让我们暂且略过那一大串天

书般的化学符号。我们需要记住的是，正是这一系列化学反应，创造了我们这个生机勃勃的世界。卡尔文因此获得了 1961 年诺贝尔化学奖。

也许有人会问，如果我长大以后没有成为一名科学家，那我为什么还需要了解科学？关于这个问题，我听过的最好的一个回答是，如果你住在一栋设施先进、装修漂亮的房子里，而你从来没有好好打量过你住的这栋大房子，不了解它的设施，不清楚它的功能，甚至没在晨曦和晚霞中稍稍欣赏一下它，那你能算是这房子的主人吗？

如果推而广之，把这句话里的“房子”换成“地球”，了解科学的意义，不言自明。

让我们把目光重新投向茫茫宇宙。大部分地方冰冷萧索，一片死寂。火星呈铁锈红，金星白里泛黄，木星上有大理石似的条纹，土星有巨大的光环，天王星、海王星呈浅蓝色，寒光彻骨。唯有我们的地球多姿多彩，蔚蓝色的海洋，褐色的陆地，葱茏茂盛的绿色植被，姹紫嫣红的鲜花。湛蓝的天空，不时飘过朵朵白云。看到这一切，你会不会有一种感动？当了解了地球上绿色的由来，你会不会感到一种激动、赞叹、喜悦？抑或是幸福……

延伸阅读

❶ 理查德·威尔斯泰特（1872—1942），德国化学家，因对植物色素，特别是对叶绿素的研究而获得 1915 年诺贝尔化学奖。

❷ 汉斯·费歇尔（1881—1945），德国生物化学家，因研究血红素的组成，并人工合成血红素而获得 1930 年诺贝尔化学奖。随后，费歇尔开始研究叶绿素，并成功给出了叶绿素的分子结构。

❸ 罗伯特·伯恩斯·伍德沃德（1917—1979），美国化学家，因合成了包括叶绿素在内的众多天然有机物而获得 1965 年诺贝尔化学奖。

❹ 梅尔文·埃利斯·卡尔文（1911—1997），美国生物化学家，因发现光合作用过程中一系列化学反应的构成而获得 1961 年诺贝尔化学奖。

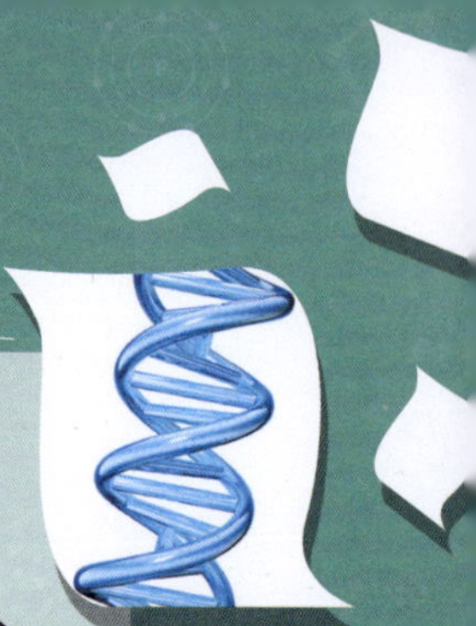

第8章

DNA（上）：发现双螺旋的故事

我们知道，孩子总是长得和爸爸妈妈很像，这叫遗传。可遗传物质是什么呢？

美国科学家摩尔根通过对果蝇的研究，发现细胞中的染色体携带了遗传过程中的“生命密码”。

染色体由蛋白质和 DNA 组成。染色体是什么样的？它为什么叫染色体？什么是 DNA ？怎样才能知道它长什么样呢？

DNA、基因、染色体、双螺旋……这些词，已经在这套书里出现过很多次，你可能早就对它们不陌生了。可它们到底是什么意思呢？在我们身体里发挥怎样的作用？ 20 世纪的科技成果繁花似锦，为什么 DNA 的结构被誉为 20 世纪的三大发现之一呢？它怎么就这么重要？

DNA 的中文名字，叫脱氧核糖核酸，是一种大分子，呈双螺旋结构。也正如它呈现在世人面前的形象一样，发现和认识 DNA 的历程，兜兜转转，曲折前行，环绕着偶然和必然，凝结着智慧和偏见，纠缠着美好和不公。

故事前传：发现染色体

DNA 的故事，先要从染色体讲起。

1879 年，德国生物学家华尔瑟·弗莱明在研究细胞的时候，发现细胞核中有一种圆柱状的东西，很容易被染上颜色。他把这种物质称为染色体。发现了一个新东西，自然就有人来研究它。可发现这种东西并不参与什么细胞内部的活动，所以一段时间里，人们没有特别重视它。

直到一位美国科学家的发现，使染色体在一夜之间成为生物学界的焦点。

这位美国科学家叫摩尔根，出身于美国南部的一个名门望族。他的家族里走出过外交官、律师、军人、议员，他的叔叔还是美国南北战争时期南方军队的著名军事将领。而在这样的家庭熏陶中成长起来的摩尔根，却压根儿没长从政从军的细胞，他感兴趣的是自然科学，是家族中的另类！这一家子里，就摩尔根一个人成了科学家，用生物学的话说，他本人就是基因突变的产物。

摩尔根醉心于生物学，很早就把自己的研究锁定在遗传学领域。他的研究对象是生物学家很“偏爱”的一种小动物——果蝇。通过对果蝇的研究，摩尔根不仅检验了前辈生物学家孟德尔提出的遗传学定律，更进一步发现，原来染色体在生命遗传过程中有巨大的作用，它携带了“生命密码”。有人黑皮肤，有人白皮肤，有人蓝眼睛，有人棕色眼睛……原来奥秘都在染色体上，不同的染色体可以控制生命体的不同特征。

摩尔根因为这一发现，获得了 1933 年诺贝尔生理学或医学奖，被誉为“遗传学之父”。

科学探索的接力棒，递到摩尔根手里后，跑出了精彩的一程。接到摩尔根递出的接力棒，人们很快就发现，染色体由 DNA 和蛋白质两种物质组成。那么下一棒的任务是一道二选一的选择题，也就是要搞清楚哪一种物质是真正的遗传物质，是蛋白质，还是 DNA 呢?

1944 年，美国细菌学家埃弗里在研究肺炎双球菌时，发现 DNA 是遗传物质。随后，另外两位美国细菌学家阿弗雷德·赫希与马沙·蔡斯设计了一系列实验，最终证明了 DNA 为遗传物质，一锤定音。这个实验就是生物学史上著名的赫希－蔡斯实验。

哇，好戏连台呀!

不，我们的 DNA 故事，高潮还没开始……

主角登场："不务正业"，强强联手

既然DNA是关键而又神秘的遗传物质，人们对它的好奇心，立刻就像火山一样爆发了：它长什么样子？它是怎样工作的？它怎样忠实地让孩子和父母，长着同样肤色，甚至有着极其相似的皮肤、头发、眼睛……世世代代，就像一个模子里刻出来的一样？它是怎么让鱼会游水、鸟会飞、蜘蛛会结网、猴子善爬树等这些本事一代传一代，有如神助？怎么这么准啊？你没听说过猪会开屏、绵羊满地抓老鼠吧？所有这一切，DNA是怎么做到的？

20世纪中期，在众多研究DNA的学者中，有3个团队值得我们关注：第一个是英国伦敦大学国王学院的威尔金斯和富兰克林，他们用X射线研究DNA的结构；第二个团队的领头人是美国加州理工学院的大化学家莱纳斯·卡尔·鲍林，在此之前，他已发现了蛋白质的α螺旋结构，享有盛誉；第三个是来自剑桥大学卡文迪许实验室的……呃，让我想想他们能算一个团队吗？——好吧，就算是吧。偏偏就是这对半路出家、名

弗朗西斯·克里克

不见经传的难兄难弟，笑到了最后。

这两个来自第三团队的人，一个是英国人弗朗西斯·克里克，另一个是美国人詹姆斯·杜威·沃森。

说他们半路出家，是因为克里克并不是学生物的，他大学读的是物理系。在物理学方面，此君可以说乏善可陈。

1950 年，克里克考上了剑桥大学物理系的研究生。他的目标是进入卡文迪许实验室研究基本粒子，这是当时物理学研究的大热门。一个偶然的机会，克里克看到了一本《生命是什么》，作者是奥地利著名物理学家薛定谔。这本书是物理名家的跨界之作，也是20世纪的科学经典之一。

书中预言，生物学的新纪元即将到来，很多生物学问题最终要靠物理学理论和化学理论去解释；反过来，生物学的发展，很可能推动物理学和化学的研究。

这是一本为门外汉写的通俗作品。受这本书的影响，门外汉克里克决定一脚踏进生物学的大门。平心而论，转行哪有那么容易，他这时候都 30 多岁啦！生物和化学，还不得不从零学起。说起来他也有优势，那就是丰富的物理知识。想要弯道超车，老本行就不能丢，于是他把自己的研究方向定位为物理学与生物学结合的领域——用 X 射线研究蛋白质的结构。

1951 年，比克里克小 12 岁的美国人沃森来到了卡文迪许实验室，和克里克在同一个办公室里工作。他的研究课题是烟草花叶病毒。沃森对这个题目不太感兴趣，他更感兴趣的是 DNA 的结构。DNA 长什么样，用肉眼当然看不到，要借助物理学所提供的先进手段才行。遇见克里克，沃森感到很走运，居然碰上一个认为 DNA 比蛋白质更重要的人，太有共同语言了！而且这个人还有不错的物理学背景，沃森决定拉这位仁兄入伙，共同研究 DNA。要说沃森真是很聪明！且不说他 15 岁考上芝加哥大学，22 岁就戴上了博士帽，这个人非常有眼光，他选的研究课题前景广阔，他选的研究搭档和自己优势互补，强强联手。

于是，这对跨界组合开始在办公室里用小棍和小球搭建 DNA 的模型。经过两年的拼拼凑凑，他们搭出了 DNA 的双螺旋结构。

DNA 分子由两条骨架相互缠绕组成，这两条骨架的基础是一种叫磷酸的物质，在磷酸上排列着 4 种碱基。这四种碱基分别是胞嘧啶（C）、鸟嘌呤（G）、腺嘌呤（A）和胸腺嘧啶（T）。这四种碱基像固定的舞伴似的，两两配对。如果一条骨架上排列了一个 C，那么在另外一条骨架上同样的位置上，一定是 G。同样的，如果一条骨架上排列了一个 A，那么另外一条骨架上同样的位置上，一定是 T。很像两行人一起跳集体舞，永远是 A 和 T 牵手、C 和 G 搭档。

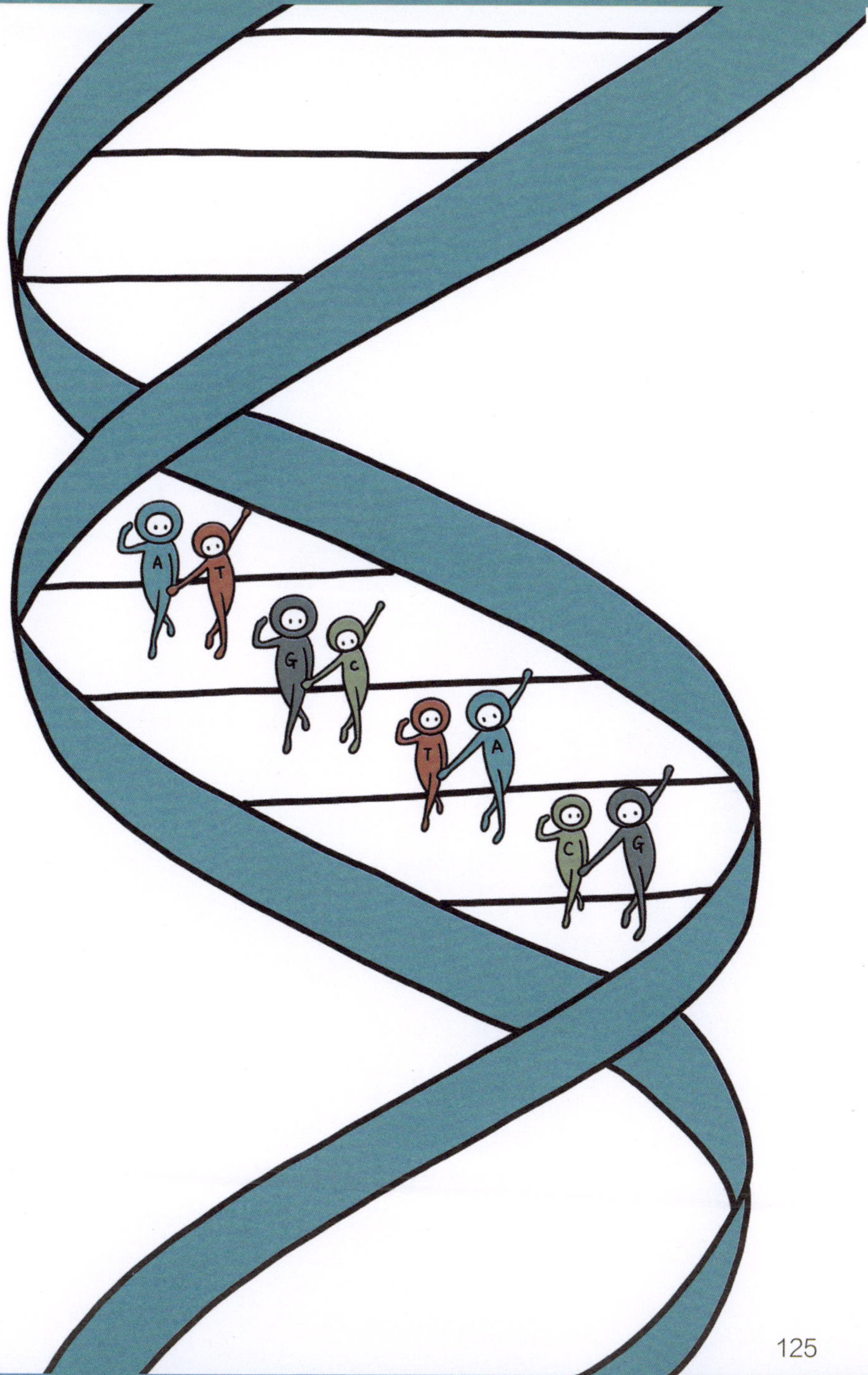
A
T
G
C
T
A
C
G

小插曲：碱基配对

沃森和克里克提出的双螺旋结构可以很好地解释已知的 DNA 的性质，并最终被证明是正确的。沃森和克里克也因此获得了 1962 年诺贝尔生理学或医学奖。

看到这儿，你一定会惊呼：哇噢！这个诺贝尔奖拿得也太爽了吧！用小球小棍拼拼插插，像搭“乐高”积木似的，太好玩了！

没那么简单！为了测定 DNA 的结构，全世界那么多的科学家绞尽脑汁，脑洞开了一个又一个，长江后浪推前浪。和 DNA 的双螺旋结构一样，他们没少走弯路，徘徊、困惑、纠结、懊悔，都经历过。每一点点进步，都是无数人的无数次猜想、尝试、实验、失败……换来的。

就说“碱基配对”这件事，怎么知道的？——当然不是天上飘来的四个字儿。在此之前，德国学者列文认为4种碱基数量一样，提出“四核苷酸假说”。这个错误的假说，让遗传物质的探索走进了岔路。这么简单的结构，很难设想它能在遗传过程中起什么作用。因此，科学家把目光投向更早发现的蛋白质，觉得蛋白质有望担当遗传重任。

几乎在赫希－蔡斯实验一锤定音，确认DNA才是遗传物质的同时，美籍犹太裔生物学家查戈夫测定出，DNA中胞嘧啶（C）和鸟嘌呤（G）数量相等，腺嘌呤（A）和胸腺嘧啶（T）数量相等，并将这个发现称为查戈夫第一法则，打破了“四核苷酸假说”。1952年11月，查戈夫到剑桥大学参加学术会议时，把“碱基配对”的理论，毫无保留地告诉了沃森和克里克，这为他们后来的成功大大地助了一把力。

缺席的女主角

沃森和克里克最终的大彻大悟，来自一位没能登上诺贝尔领奖台的年轻女科学家。这就是前面提到的第一个团队里的罗莎琳·富兰克林。

富兰克林在研究物质结构方面有过不少建树，她熟练掌握了 X 射线技术。1952 年 5 月，她为 DNA 拍出一张照片，被赞为“有史以来最漂亮的一张 X 射线照片”，就是著名的“照片 51 号”。

远在大洋彼岸，也在研究 DNA 的化学家鲍林认为，DNA 的结构应该是三股螺旋扭结在一起。沃森和克里克也这样认为。在认定 DNA 是三股螺旋的情况下，他们的研究遇到了困难。

沃森和克里克知道富兰克林的同事威尔金斯也在研究 DNA，1953 年 1 月，他们一同拜访威尔金斯，希望得到帮助。威尔金斯背着富兰克林，给沃森看了“照片 51 号”——这张让人类第一次看见 DNA 真容的照片。

沃森和克里克在陷入僵局时，曾经一度放弃三螺旋思路，但看到鲍林提出三螺旋的论文后，又为自己没有坚持三螺旋懊恼不已。

噢，上帝呀！DNA 是这样的啊！当看到“照片 51 号”时，沃森和克里克如梦方醒。

事实胜于雄辩，实验结果大过权威论断。借助富兰克林的实验成果，备受启发的沃森和克里克果断放弃三螺旋的思路，调转船头，高歌猛进，柳暗花明，于 2 月 28 日宣布发现了 DNA 双螺旋结构。

而“照片 51 号”的真正主人富兰克林也进行了仔细的研究，独立发现了 DNA 分子的双螺旋结构。她做出这一发现的时间，甚至比沃森和克里克还要早 4 天。

1953 年 4 月的《自然》杂志，同时发表了沃森、克里克的论文和富兰克林的论文。在双方的论文中，都阐述了 DNA 的双螺旋结构。

罗莎琳·富兰克林

故事未完

在富兰克林的时代，即便是科学界，依然存在对女性的歧视。威尔金斯对她就很不友好。多年之后，伦敦大学国王学院才将一座大楼命名为“罗莎琳·富兰克林馆”。真正的功绩不会被时间淡忘，也不会被偏见抹杀，只会越来越清晰和闪耀。

时至今日，科学界普遍高度评价这位年轻的女科学家对揭示DNA结构发挥的关键性作用。而当沃森和克里克在1962年登上诺贝尔奖的颁奖台时，富兰克林已经不能躬逢其盛了。1958 年，富兰克林因患癌症去世，年仅 38 岁。人们猜测，“科学玫瑰”盛年凋零的原因，很可能和长时间接触 X 射线有关。

由于诺贝尔奖规定，不颁发给已经去世的科学家，富兰克林最终与诺贝尔奖无缘，令人万分痛心！更令人感到不公的是，把“照片 51 号”拿给沃森看的威尔金斯，倒是与沃森和克里克一起获奖。他是否够格分享殊荣，多年来一直颇有争议。

DNA 是一种分子。发现 DNA 的双螺旋结构，使遗传物质的研究进入分子水平，开启了分子生物学时代。新的研究课题也如雨后春笋般地涌现。打通了这一关，人类探索生命之谜的脚步，会走得更快、更远。

延伸阅读

❶ 托马斯·亨特·摩尔根（1866—1945），美国生物学家，因发现染色体在遗传中所起的作用而获得 1933 年诺贝尔生理学或医学奖。

❷ 弗朗西斯·克里克（1916—2004），英国生物化学家，因发现 DNA 的双螺旋结构而获得 1962 年诺贝尔生理学或医学奖。

❸ 詹姆斯·杜威·沃森（1928— ），美国生物化学家，因发现 DNA 的双螺旋结构而获得 1962 年诺贝尔生理学或医学奖。

❹ 莫里斯·威尔金斯（1916—2004），英国生物化学家，因发现 DNA 的双螺旋结构而获得 1962 年诺贝尔生理学或医学奖。

❺ 莱纳斯·卡尔·鲍林（1901—1994），美国化学家，他被英国《科学家周刊》评为有史以来最杰出的 20 位科学家之一，与牛顿、居里夫人、爱因斯坦比肩。他曾获得 1954 年诺贝尔化学奖和 1962 年诺贝尔和平奖。

◆埃尔文·查戈夫（1905—2002），美籍犹太裔生物学家，原籍奥地利。他获得过美国国家科学奖章。

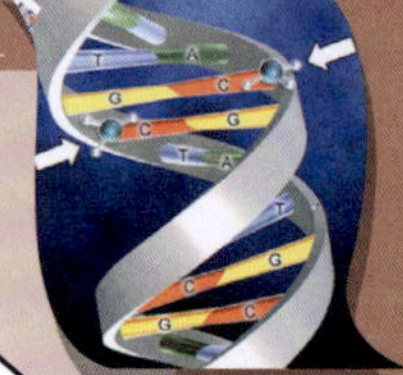

第9章

DNA（下）：破译密码

发现了双螺旋结构，认识 DNA 的过程才刚刚走到一半。科学家发现 DNA 的两条磷酸骨架互相缠绕，呈双螺旋结构，可当时并不知道磷酸骨架上 4 种碱基的排列的顺序。解决这个问题，就需要给 DNA 测序。

英国科学家桑格在 1977 年成功测序了一种病毒的 DNA 序列。桑格给 DNA 测序用的是什么方法？ DNA 测序有什么意义？

每当发现一种新的分子，就要搞清楚它长什么样子，也就是它的空间结构。比如水，水由水分子组成。水分子是什么样？

水分子（H_2O）由2个氢原子（H）和1个氧原子（O）构成。这三个原子不是一字排开，而是呈三角形站队，顶角的度数是104.45°。

二氧化碳（CO_2）分子里有2个氧原子（O）和1个碳原子（C）。这三个原子直直地排在一条直线上。

哎哟！这么麻烦啊？

对不起！化学家不能嫌这事儿麻烦，这是他们义不容辞的任务。

那么，我们现在知道了DNA是一种分子，DNA很重要，那么请化学家告诉我们它的结构吧！

也许你会说，不是前面那个学生物的沃森和学物理的克里克已经搞清楚了，DNA呈双螺旋结构了吗？诺贝尔奖都发给他们了。这还远远不够，我们需要知道的还有很多。

测序：谁在前谁在后？

发现了 DNA 的双螺旋结构，仅仅是知道了 DNA 在空间上的队形。而长长的一队里，是个什么顺序，谁在前谁在后，谁和谁挨着，这些还不知道呢。搞清楚这件事就叫作“测序”。

沃森和克里克对 DNA 结构的研究，只是 DNA 研究中的一部分。这部分研究让人们更加确信，DNA 就是遗传物质。在随后的研究中，人们发现，DNA 中最重要的部分，是那 4 个碱基。这些碱基的排列，构成了生物的基因，或者说是生物体内的密码。

对于一个生物体，比如人，身体里所有细胞中的 DNA 都是相同的。这些 DNA 上碱基的排列顺序也是相同的。就是碱基的排列顺序，决定了生命体的特征。

碱基的排列顺序非常重要！那么，怎么才能知道 DNA 里的碱基的排列顺序呢？这就要请教英国生物化学家弗雷德里克·桑格了。这个桑格可不得了！他是迄今为止，唯一一位两次获得诺贝尔化学奖的科学家。

弗雷德里克·桑格

桑格往事

桑格的父亲是一位医生。在英国，医生的社会地位高，收入也高。桑格的外祖父是做生意的。桑格家里从来就不差钱，用现在的话说，他就是一个“富二代”。桑格本来想子承父业，当一名医生，可读着读着，直到读到大学，他的兴趣悄然转变，转向了生物化学，于是他决定去报考生物化学的博士。

俗话说，隔行如隔山。桑格一上来就碰了一个钉子！他的成绩不怎么样，没有一个实验室愿意接收他。这时候，“富二代”的优势就体现出来了。桑格跟人家表诚心：我不要你们的钱，还不行吗？要是收下我，我还能给你们实验室一点儿赞助。

哦？这样的学生可以有！于是，桑格求学成功。

中国人说“开卷有益”，说的是只要打开书读一读，就会有所收获，就会有进步。英国人说“It is never too late to learn”，意思是“什么时候学习都不晚”。这两句话用在桑格身上，真是再恰当不过。成绩差，不可怕，努力可以改变一切。博士毕业后，当初没人要的小子桑格，开始大展宏图。

2013 年，桑格在睡梦中安然辞世。他被誉为 20 世纪最伟大的科学家之一。著名学者艾德·杨用了一长串奇奇怪怪的字母，表示对他的哀悼：

CGCATTCCGTTTCGCGAAGATAGCGCGAACGGCGAACGC

这一串字母所对应的蛋白质序列是 RIPFREDSANGER，翻译成中文就是“安息吧，弗雷德里克·桑格”。

够诡异的吧？有话干吗不直说？为什么要这样像接头暗号、像密电码似的，说一大串普通人都看不懂的话？

那就让我们先来看看桑格做过些什么。

桑格的第一个诺贝尔奖

蛋白质是生命体内重要的组成部分，它参与生命体的很多生命活动。以人体为例，蛋白质占人体总质量的 18% 左右。人体内的蛋白质种类繁多，性质、功能各不相同。蛋白质都是由 20 多种氨基酸构成的。这些氨基酸不同的排列、组合，构成了多种多样的蛋白质。

每一种蛋白质都有其独特的氨基酸组成和顺序。胰岛素作为一种蛋白质也是如此，桑格的研究目标就是要搞清楚胰岛素中氨基酸的种类和排列次序。桑格先是研究胰岛素。胰岛素是胰脏内的一种细胞分泌的一种蛋白质激素，这种激素可以降低血液中葡萄糖的浓度。因此胰岛素可以用于治疗糖尿病。在当时，胰岛素是仅有的几种能够被提纯的蛋白质之一，所以很多生物化学家都在研究胰岛素。

经过多次实验，桑格发现了一种物质，可以和氨基酸中的活性成分发生化学反应，这种物质被称为“桑格试剂”。**利用桑格试剂，桑格在 1953 年成功测定了胰岛素的氨基酸序列。**他也因此获得了 1958 年诺贝

尔化学奖。

借助桑格的发现，我国科学家在 1965 第一次成功地合成了牛胰岛素结晶。这件事的意义在于，只有掌握了人工合成胰岛素的方法，制药厂才可以大规模地生产较为廉价的胰岛素。千千万万糖尿病病人也正是因为使用了胰岛素，病情得以控制，重新获得了幸福生活的权利。

梅开二度，DNA 测序

获得诺贝尔奖，无异于登上人生的巅峰，也使桑格一时间声名大噪，然而他并没有停止自己的脚步。1962 年，桑格来到剑桥大学的分子生物学实验室，在这里，他开始挑战 DNA 测序。

我们前面讲了，DNA 上面有 4 个碱基，所谓给 DNA 测序，就是找到 DNA 分子上这 4 个碱基排列的顺序。和蛋白质含有的氨基酸相比，DNA 分子内含有的碱基数量更多，而种类却更少，这使得 DNA 测序的难度陡然增加。

桑格采取了一种与蛋白质测序完全不同的方法，在不破坏 DNA 分子结构的基础上，利用 DNA 可以自我复制的特性，进行测序。这一方法又

沃特·吉尔伯特

被冠以桑格的名字，称为“桑格测序法”。利用这种方法，桑格在 1977 年成功测序了一种病毒的 DNA 序列。紧随其后，美国生物化学家沃特·吉尔伯特改进了桑格的方法，找到了一种更简单、更方便的 DNA 测序法。1980 年，桑格和吉尔伯特共同获得了诺贝尔化学奖。就这样，桑格在斯德哥尔摩梅开二度。

读懂“生命天书”

对于药学家来说，只有当我们知道了一种分子的空间结构，才算建立了可以生产它的基础。连它长什么样子都不知道，怎么能人工合成它呢？比如前面讲过的胰岛素、青霉素，都要经过这一关，才能大规模地生产。

DNA 这样的分子太复杂！简直是一部“生命天书”，目前还无法人工合成它。然而，仅仅是读懂它，就已经意义非凡。如果我们改变 DNA 上一段碱基的顺序，就能改变生物的某些特性，这便是转基因的简单原理。

比方说，我们知道，有些食用油是用转基因大豆榨取的。为什么要用转基因大豆呢？大豆并不是一种含油量很高的植物，一般我们用来做豆腐的大豆，出油率仅仅为百分之几；传统的用来榨油的大豆，出油率也不过百分之十几。改变大豆的一部分基因，可以让它更多地出油。转

基因大豆的出油率高达 20%。

有了成熟、简便的 DNA 测序方法，工程浩大的人类基因组计划开始启动。来自美国、英国、法国、德国、日本和我国的科学家通力合作，测定了人类的 DNA 序列。现在 DNA 测序已经被广泛使用，小到亲子鉴定、刑事案件中的 DNA 证据，大到通过 DNA 确定曹操墓真假，这些都要归功于桑格开创的测序方法。

为什么猫生出来的是猫，鸟生出来的是鸟，人生出来的是人？为什

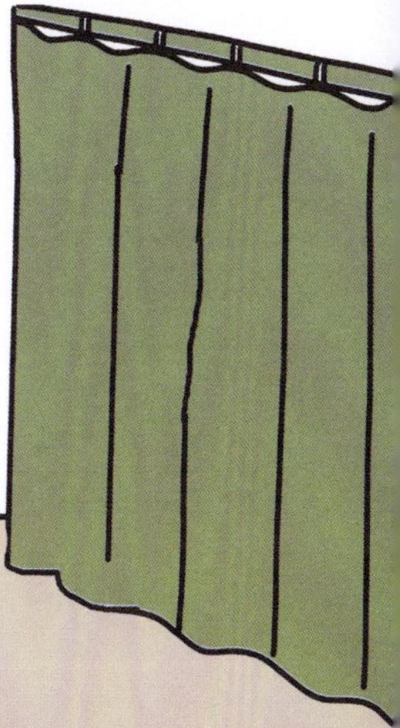

么孩子会和父母很相像？为什么世世代代鱼会游水、鸟会飞？为什么有的人黄皮肤，有的人黑皮肤，有的人白皮肤？为什么有的疾病会一代传一代，逃也逃不掉？……在早先，这些疑问无从解答，人们只能认为：这是上帝的安排或者神的诅咒。

破译了“生命的密码”，一个又一个关于生命的疑问，告别了神话和幻想，从 DNA 的结构和序列中找到了答案。人类对自然的认识水平大踏步地前进了。德国伟大的思想家歌德说过：“如果你想与这个世界结合，没有比科学更可靠的途径了。”

延伸阅读

❶ 弗雷德里克·桑格（1918—2013），英国生物化学家，因对蛋白质结构组成的研究，特别是对胰岛素的研究而获得 1958 年诺贝尔化学奖；因提出测定 DNA 中碱基序列的方法而获得 1980 年诺贝尔化学奖。

❷ 沃特·吉尔伯特（1932— ），美国生物化学家，因提出测定 DNA 中碱基序列的方法而获得 1980 年诺贝尔化学奖。

◆ DNA 的 4 种碱基：胞嘧啶（C），鸟嘌呤（G），腺嘌呤（A），胸腺嘧啶（T）。

◆ 数量上：A=T，C=G。

第 10 章

恒星的演化：跳出黑洞的诺贝尔奖

如同人的一生，恒星也有婴儿、青壮年和老年阶段，最后也会走向死亡。你听说过的白矮星、黑洞都是恒星晚年的不同阶段。

印度裔美籍科学家钱德拉塞卡发现了老年恒星演化中的一个秘密。他的这个发现，被他的老师认定为“胡说八道”，还把他的论文当众撕掉。

恒星的一生有什么经历？黑洞真是一个“洞”吗？白矮星里面真有“钻石”吗？恒星的“死”是什么样？我们的太阳也会衰老和死去吗？

在诺贝尔奖的历史上，凭借在天文学领域的贡献而获奖的人凤毛麟角。一代天文学大师哈勃、爱丁顿、沙普利、坎贝尔……都终生与诺贝尔奖无缘。最该获奖而没有获奖的，要数美国天文学家埃德温·哈勃。

哈勃？就是那个新闻里报道，哈勃太空望远镜新近观测到什么什么——时不时地给我们一些壮丽的宇宙图片，或是令人惊异的科技新闻的“哈勃”？——是的，在科技新闻里出镜率颇高的哈勃太空望远镜，就是以天文学家哈勃的姓氏命名的。能让自己的姓氏冠名一架尖端的望远镜，遨游于太空，可以想见，这个哈勃的贡献定然不同凡响。哈勃的成就当然够得上拿一次诺贝尔奖。在他盛年时期，先后有多位科学家提名为哈勃戴上诺贝尔奖的桂冠，然而直到 1953 年哈勃永别人世，他也没能获奖。

这是为什么？

2015 年初，瑞典博物馆对外展出了当年诺贝尔遗嘱的原件，遗嘱中提到的奖励的学科领域包括：物理学、化学、生理学或医学、文学、和平，没写“天文”！

万事无绝对。1983 年的诺贝尔物理学奖就颁发给了两位天体物理学家。天体物理学家属于天文学界。两位跨界获奖的科学家是苏布拉马尼扬·钱德拉塞卡和威廉·福勒。他们的重大发现，深化了人类对于宇宙天体的认识。

1930 年，不满 20 岁的印度青年钱德拉塞卡获得政府奖学金，前往英国的剑桥大学深造。在从印度开往英国的轮船上，潮湿的海风和浩瀚的大洋做伴，他做了一生中最为重要的贡献。

给太阳“算命”

人的一生有几个不同的时期：婴幼儿时期、童年时期、青少年时期、中年和老年时期。像太阳这样的恒星也有不同时期。

恒星的一生			
原恒星	主序星	红巨星和红超巨星	致密星
恒星的婴幼儿时期	恒星的青年时期	恒星的老年时期	恒星的死亡
			白矮星、中子星（又名脉冲星）和黑洞

我们的太阳的寿命有100亿年，现在“芳龄”50亿岁。在动画片和图画书里，常见拟人化地尊称其为“太阳公公”，真是把太阳给说老了！人家充其量也就是个“大叔”。作为一颗恒星，它正处于主序星阶段，年富力强，稳定而旺盛、光芒万丈。现在的太阳很稳定，大小、温度都

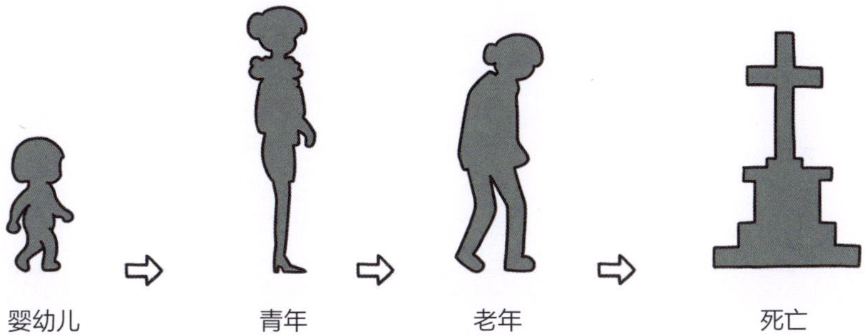

不会发生大的变化。步入老年的太阳会怎么样？风烛残年的太阳会是怎样一副“垂垂老矣”的模样？——当然，不会长出皱纹和胡子，那 50 亿年后太阳又会发生什么呢？

首先，太阳开始膨胀。现在，太阳的半径约为 69 万千米。科学家预测，50 亿年后，太阳的半径将会是 2 亿多千米，大了将近 300 倍！这会不会影响到地球呢？——目前，太阳与地球的距离是 1.5 亿千米，50 亿年后，太阳和地球间的距离可能改变。这意味着，到那时地球会被“老太阳”吞噬！在吃掉地球的同时，水星和金星也会成为“老太阳”的“下酒菜”。

这时，狠心吞下自己行星的“老太阳”步入了一颗恒星的红巨星时期。“红”表明了它的颜色，那时太阳的表面温度比现在要低，散发着红色的光芒。“巨”则说明了它的个头，半径 2 亿千米的大家伙，叫“巨星”可谓实至名归。可以说，红巨星就是一个巨大的火球，还是个很不稳定的火球，个头时大时小、温度时高时低。这个过程不会维持很长，只有数百万年左右。

红巨星并不是一颗恒星的生命尽头。随着它的不断膨胀，红巨星的核心对外围部分的万有引力会越来越小。经过一段时间的演化，红巨星的核会失去对外围部分的控制。红巨星的“外壳”会慢慢脱离核心，逐渐成为宇宙中的气体和尘埃。也许假以时日，这些气体和尘埃会在宇宙的某个地方，成为另外一个“太阳”的一部分。

失去了“外壳”的红巨星，最终会演变成一颗白矮星。和红巨星的命名方式一样，简练地说，白矮星就是又白又小。它的亮度很低，散发着白色的光芒，个头小小的，因此得名“白矮星”。有句话说“浓缩的都是精品”，从庞大的红色巨人演变为白色小矮人，白矮星非常有“内涵”，它的密度大得惊人！天狼星的伴星是我们最早发现的白矮星之一，它体积和地球差不多，而质量却和太阳有得一拼！它每立方厘米的质量高达数十吨。白矮星里的主要物质是碳和氧。我们知道，钻石的成分就是碳，可以说，其貌不扬的白矮星竟是一肚子钻石的宇宙“土豪”！

白矮星表面的温度有数千摄氏度，发着白光。随着光芒的不断散发，白矮星的温度会越来越低。当耗尽所有光和热时，它将变成一颗黑矮星，静静地飘浮在宇宙之中。

论文被当场撕掉

在钱德拉塞卡的时代，天文学家对上述的恒星“命运”已经相当了解。白矮星是所有人头脑里，一切恒星的最终归宿。

而 1930 年 7 月，那艘缓缓驶离孟买码头的轮船上，钱德拉塞卡在 19 天的航行中，计算出来一个令人吃惊的结果：白矮星的质量不可能超过太阳质量的 1.44 倍，一旦白矮星的质量超过了太阳的 1.44 倍，就会“砰”——爆炸！

1.44 这个数字，从此在天文学界有了另外一个名字：钱德拉塞卡极限。

钱德拉塞卡本打算把自己这个研究成果作为见面礼，送给未来的老师——英国科学界“大佬”级人物爱丁顿。年轻的钱德拉塞卡想象着“爱老师”会表扬自己……谁知爱丁顿听完这位印度学生的报告竟不以为然，觉得钱德拉塞卡弄错了。东方人的谦逊和恭谨，让钱德拉塞卡没有在师长面前据理力争，而是默默退下来不断推敲完善自己的理论。

5 年后的一天，爱丁顿告诉钱德拉塞卡，自己为他争取到一个在英国

皇家天文学会的会议上发言的机会，并因为自己的影响力，他给钱德拉塞卡争取到了比别人更长的发言时间。钱德拉塞卡摩拳擦掌、全力备战，打算再次告诉同行们，他发现了老龄恒星演化的隐秘。

然而，期待中的认可和掌声又一次落空。在他宣读完自己的论文后，爱丁顿气冲冲地走上讲台，当众把钱德拉塞卡的论文撕成两半，说全是胡说八道。有了天文学界权威的一锤定音，会议的主持人甚至没有给这位年轻人一个解释的机会。会议结束后，几乎所有人走到钱德拉塞卡面前时都说："这太糟糕了，太糟糕了……"

孤立无援又当众出丑的钱德拉塞卡不得不远赴美国，转行研究别的项目。

“小绿人”为钱德拉塞卡点赞

1967年夏日的一个夜晚，和往常一样，剑桥大学的女研究生贝尔用导师休伊什教授研制的仪器进行巡天观测，搜寻来自宇宙的电磁波。她发现了一个不同寻常的奇怪信号，奇就奇在这个信号是有周期性的。她不敢掉以轻心，立刻打电话报告给导师。导师连夜来到实验室，师徒二人仔细地探讨这个神秘的电波。周期性是什么意思呢？——就是说这个电信号是这样的模式：……“嘟嘟”——停——“嘟嘟”——停——“嘟嘟”——停……每次停顿的时间完全一样。这太有意思了！休伊什不断地叮嘱贝尔：这事儿保密！一个人也别告诉！

按说发现了前所未知的新事物，不是都赶紧发表吗？休伊什为什么要女弟子保密呢？——他俩最初都以为，这是外星人发来的联络信号呢，

给它取名“小绿人”。不久后，人们意识到这种周期性的脉冲信号，根本不是什么外星人暗送的“秋波”，而是一种未知天体发出的电磁波。人们把这种发出电磁波的天体称为脉冲星。脉冲星的密度非常高，是一种由中子构成的中子星。

中子星的发现，使 30 年前被“枪毙”的钱德拉塞卡的“工作”，重新回到人们的关注中来，原来钱德拉塞卡是对的！

揭秘恒星的一生

那么什么是中子星呢？质量比较小的恒星，比如太阳、天狼星，都会演化成红巨星，然后变成行星状星云，最终变成白矮星。

而质量比较大的恒星的“晚年”会成为红超巨星，就是质量和个头都更大的红巨星。

和一般的红巨星相比，红超巨星可要暴力得多。红超巨星不会像红巨星一样一直慢慢膨胀，而是会在膨胀到一定程度后，发生一次剧烈的爆炸，之后发展为中子星或是黑洞。

这种剧烈的爆炸，可以说是宇宙中最为酷烈的能量释放。在遥远的地球人眼里，仿佛天空中突然多了一颗亮得扎眼的“新”星，因此被称为超新星爆发。关于超新星爆发，中国人可是大大地有话要讲。

历史上关于超新星爆发最早的记录，出现在我国的《后汉书·天文志》

中。根据这本书的记载，公元185年12月7日，天上出现了一颗异常明亮的星，直到第三年的七八月间才莫名其妙地消失，前后持续了一年半。突然出现，悄然离去，中国古人称这种星为“客星”——来我们这儿做客的星。在20世纪以前，人类历史上一共记录了6次超新星爆发，其中5次中国古人都没错过，而且认认真真地给记下来了。宋仁宗年间记录的一次超新星爆发，时隔近1000年后，天文学家还津津乐道，并且用来作为自己研究的重要参考：公元1054年，宋代的天文观测者看到，一颗比金星还要亮的“客星”清早出现在东方，白天可以看见它，持续了23天；之后的一年零十个月的时间里，夜晚也能看见。宋朝人叫它“天关客星”。现代的天文学家把它称为超新星SN 1054。

超新星爆发之后，恒星的命运可能是中子星，也可能是黑洞。中子星的密度比白矮星大一千万倍，也就是说中子星每立方厘米的质量可达上亿吨。如果把地球压缩成中子星那样致密，大概也就足球那么大！中

子星会不停地向宇宙空间发射周期性的脉冲信号，所以又称为脉冲星。白矮星的质量一定小于太阳质量的 1.44 倍，而中子星的质量则一定要大于太阳质量的 1.44 倍。

黑洞是一种质量巨大的天体。质量越大的物体，它的万有引力就越大。黑洞的万有引力大到了任何东西遇到它都是有进无出，只会扑向它，无法离开它，连光都不能从中脱身。因为光线都出不来，所以我们无法观测到黑洞。

苏布拉马尼扬 · 钱德拉塞卡

耀眼的“钱德拉”

尽管在 20 世纪 60 年代，钱德拉塞卡的理论就被证明是正确的，可又过了将近 20 年，直到 1983 年，他才登上斯德哥尔摩的领奖台。得到重大发现时，他 19 岁；诺贝尔奖加身时，他 73 岁。

在芝加哥为他举行的庆祝晚宴上，古稀之年的钱德拉塞卡不无感慨地说：“去年我曾经两次心脏病发作，如果其中任何一次没有抢救过来，那么今天也就没有庆祝的理由了。”不知这个时候，他可想到半个世纪前，被撕成两半的论文，还有那些无情的否定和奚落？

对的就是对的，功绩就是功绩。1995 年 8 月 21 日，钱德拉塞卡再次心脏病发作，这一次医生没能把他救回来。4 年后，美国国家航空航天局耗资 28 亿美元，发射了迄今为止人类最复杂、最先进的太空望远镜，命名为钱德拉 X 射线空间望远镜。“钱德拉”是朋友和同事对钱德拉塞卡的昵称，在梵语中的意思是“月亮”和“照耀”。

今天，“钱德拉”还在太空“照耀”着，不断替我们发现新的宇宙奇观，它成功观测到了银河系中央大质量的黑洞。

延伸阅读

❶ 苏布拉马尼扬·钱德拉塞卡（1910—1995），印度裔美籍天体物理学家，因对恒星结构及其演化的重要物理过程的理论研究而获得 1983 年诺贝尔物理学奖。

❷ 威廉·福勒（1911—1995），美国天体物理学家，因对宇宙中形成化学元素的核反应的理论和实验研究而获得 1983 年诺贝尔物理学奖。

延伸阅读

◆猎户座，北半球冬夜最显眼的一个星座。它由希腊神话中的猎人俄里翁而得名。在“猎人”的左肩上，有一颗耀眼的红色星，中国古人称之为“参宿四”。不知道吧？这颗星的半径是太阳的7000—10000倍，而且是一颗老年的恒星。

◆“创生之柱”，1995年由哈勃太空望远镜拍摄，堪称宇宙最具代表性的“标志”，位列宇宙十大不可思议景观之首。“创生之柱”位于天鹰座星云的巨蛇座恒星形成区域，由尘埃和气体云柱组成，其中孕育着众多婴儿时期的恒星，因此又被形象地叫作“恒星的子宫”。

◆凭借脉冲星的发现，休伊什获得了1974年诺贝尔物理学奖，而贝尔却被排除在外。科学界普遍对此感到不公，把那一年的诺贝尔奖戏称为“No Bell奖”（没有贝尔奖）。贝尔本人对此倒非常大度，多年后，她笑着说：“这辈子出名，就是因为没有获得诺贝尔奖。”